国际热带农业与科技发展系列丛书·科技篇
中国热带农业科学院科技信息研究所

海南省农业科技研究态势与竞争力分析

◎ 李晓娜　阚应波　许力丹　陈丽琼　冯韵　等 著

中国农业科学技术出版社

图书在版编目(CIP)数据

海南省农业科技研究态势与竞争力分析 / 李晓娜等著. --北京：中国农业科学技术出版社，2023.11

ISBN 978-7-5116-6569-0

Ⅰ.①海… Ⅱ.①李… Ⅲ.①农业技术-科学研究事业-竞争力-分析-海南 Ⅳ.①S-12

中国国家版本馆 CIP 数据核字(2023)第 226716 号

责任编辑　倪小勋　史咏竹
责任校对　马广洋
责任印制　姜义伟　王思文

出 版 者	中国农业科学技术出版社
	北京市中关村南大街 12 号　邮编：100081
电　　话	(010) 82105169 (编辑室)　(010) 82106624 (发行部)
	(010) 82109709 (读者服务部)
网　　址	https://castp.caas.cn
经 销 者	各地新华书店
印 刷 者	北京建宏印刷有限公司
开　　本	170mm×240 mm　1/16
印　　张	14.25
字　　数	230 千字
版　　次	2023 年 11 月第 1 版　2023 年 11 月第 1 次印刷
定　　价	60.00 元

◁版权所有·翻印必究▷

《海南省农业科技研究态势与竞争力分析》
著作委员会

主　著：李晓娜　阚应波　许力丹　陈丽琼　冯　韵

副主著（按姓氏拼音排序）：

　　　　　董定超　孟　猛　谢龙莲　曾安逸　曾力旺

著　者（按姓氏拼音排序）：

　　　　　胡小婵　黄家健　李一萍　王艺琳

前　言

《海南省农业科技研究态势与竞争力分析》紧抓中共中央关于农业科技创新、建设农业强国和科技强国的决策部署，以农业领域科技文献（科技论文、专利文献、统计年鉴）作为主要分析数据源，以文献知识单元统计与分析为基础，利用智能信息处理、可视化等现代信息技术手段，对农业领域的科技数据进行分析和评估，实现对海南省农业科技领域研究发展的回顾、研究现状的分析和研究趋势的展望。

海南省农业基础研究领域态势分析：选取 2013—2022 年 Web of Science 核心合集 SCI-E 数据库以及中国学术期刊（网络版）中文文献库收录的海南省农业领域基础研究相关文献作为样本数据，以 VOSviewer 等可视化工具为支撑，采用文献计量等方法对海南省农业领域基础研究相关文献进行分析，以期了解海南省农业领域基础研究态势，为海南省农业领域基础研究提供信息参考。

海南省农业核心科研机构科技竞争力研究：基于 SCI-E、中国知网以及 incoPat 专利数据库进行统计分析，围绕 2013—2022 年海南省农业核心科研机构农业领域学科科技论文和专利产出，着力于科技论文竞争力指数体系和专利竞争力指标体系两个层面，从科研生产力、科研影响力、科研卓越力、科技合作力、技术生产力、技术影响力、技术认可力和技术保护力 8 个维度，对海南省 7 家农业核心科研机构的科技竞争力进行深入的分析与评价。

海南省农业科技创新力实证分析：基于 2017—2021 年海南省农业科技创新时序数据、省份农业科技数据进行实证分析。从创新环境、创新投入和创新产出 3 个方面构建海南省农业科技创新能力评价体系；运用灰度关联分析法对初步构建的评价指标体系进行关联度分析，并筛选优化出 14 项较为科学合理的评价指标；基于优化后的指标体系，采用熵权 TOPSIS 法对海南省农业科技创新能力进行综合评价分析；总结梳理了海南省农业科技创新能力现状及发展趋势，并提出相关建议。

"用数据支撑，以事实说话"，力求客观揭示海南省农业的科研实力、优势、劣势与差距。为找准海南省自身定位以发挥区位和资源优势，为提高海南省农业科技竞争力提供主要思路和对策，为完善海南省特色热带农业科技创新体系和政策体系提供参考依据。力求在科技和产业发展中赢得主动权，实现海南省农业科技高质量发展。

对海南农业领域的科技研究趋势及竞争力进行探索，仍有许多需要深入研究的问题。由于时间紧迫和著者能力的限制，书中可能存在一些不足之处，恳请同行专家、学者和广大读者予以批评指正。

著　者

2023 年 9 月

目　　录

第1章　基于科研产出的科技发展概况研究 ··················1
  1.1　研究背景 ··················1
  1.2　科技文献概述 ··················2
  1.3　研究方式 ··················4
  1.4　科技研究成果评价 ··················7
  1.5　科技竞争力概述 ··················11
  参考文献 ··················12

第2章　海南省农业基础研究领域态势分析 ··················17
  2.1　概述 ··················17
  2.2　海南省农业基础研究领域态势分析——外文文献 ··················24
  2.3　海南省农业基础研究领域态势分析——中文文献 ··················67
  2.4　结论与建议 ··················94
  参考文献 ··················98

第3章　海南省农业核心科研机构竞争力分析 ··················113
  3.1　概述 ··················113
  3.2　海南农业核心科研机构发展概况 ··················124
  3.3　海南农业核心科研机构竞争力分析 ··················135
  3.4　结论与建议 ··················176

第 4 章 海南省农业科技创新力实证分析 ·················· 185
4.1 研究意义 ··· 185
4.2 研究内容与技术路线 ···································· 186
4.3 相关概念及理论基础 ···································· 188
4.4 方法说明 ··· 190
4.5 指标体系构建及设计 ···································· 198
4.6 熵权 TOPSIS 分析 ·· 207
4.7 科技创新能力指标评价结果 ·························· 209
4.8 结论与建议 ·· 213

参考文献 ··· 215

第1章

基于科研产出的科技发展概况研究

1.1 研究背景

2018年4月13日,在庆祝海南建省办经济特区30周年大会上,习近平总书记提出了建设中国特色自由贸易港(简称自贸港),亲自谋划、亲自部署、亲自推动了建设海南自由贸易港,使海南站上了新的历史起点[1]。2018年9月24日,国务院印发《中国(海南)自由贸易试验区总体方案》,加快探索构建自由港政策和制度体系,做好从"自贸区"到"自由港"衔接[2]。2020年6月1日,中共中央、国务院印发《海南自由贸易港建设总体方案》,深入贯彻习近平总书记在庆祝海南建省办经济特区30周年大会上的重要讲话精神,落实《中共中央 国务院关于支持海南全面深化改革开放的指导意见》要求,加快建设高水平的中国特色自由贸易港[3]。2021年7月29日,海南公开发布了《海南省"十四五"推进农业农村现代化规划》,是海南建设中国特色自由贸易港以来,首个聚焦农业农村现代化的规划蓝图[4]。2018—2020年,海南已经完成了自贸港建设的探索阶段,目前正处于初步建立阶段(2021—2025年),是自贸港建设最为重要和关键的阶段。

海南是我国的热带宝岛,热带农业资源禀赋独特。陆地面积3.54万千米^2,占全国热带土地面积的42.5%。全省耕地资源1 255.8万亩(1亩≈(667米^2,全书同)。年均气温23~26℃,年光照时数1 832~2 558小时,年均降水量1 600毫米。生物物种丰富,农作物周年生长,四面环海形成了天然的动物防疫屏障,发展热带特色高效农业的条件得天独厚。拥有冬季农业、热带资源、南繁育种、生态环境和产业融合五大优势。形成了以冬季瓜菜、热带水果、南繁育种、热带作物、海洋渔业以及无疫区下的畜牧业等为支柱的产业体系[5]。

为实现热带农业的优质高效发展，就要不断提高热带农业科学技术水平，加强科技创新。科研院所和高等学校是推动科技创新发展的主力军，科教单位的科研产出是促进科技创新发展的主要驱动力。为推动海南热带特色农业科技发展，做强做优热带特色高效农业，有必要全面深入地了解海南省农业科研机构的科研实力，分析其科研产出。通过分析海南省农业科研机构的科研产出，剖析海南省农业科技的整体布局现状，有利于发挥海南省农业科研机构的科研能动性和科技创新优势，提高农业科研机构的创新能力及自主研发能力，加快科技创新发展，还有利于辅助海南省科技管理部门对海南省热带农业的科技发展进行部署，制定合理的创新体系发展规划，以现有资源有效支持和推进海南省农业科技创新工作，抢占科技创新高地，用高质量农业发展推进海南自贸港建设，探索出具有海南特色的农业强省之路。

1.2 科技文献概述

科技文献资源（Science and Technology Literature Resource）是记录和保存人类科技财富的宝库，通过各种文字、图形、声频、视频等手段，记录科学技术信息、知识的物质载体或数据集[6]。科技文献既是人类在开展科学技术活动的过程中的重要记录，也是诸多学者在无数科学实验的基础上，对自然科学、工程技术及人文社会科学展开综合分析和研究，并最后发表在学术期刊上的文献资料和成果。科技文献具有科学性和创新性，是人类知识的精华和宝贵的财富，是科学技术高度集中的结晶，是科研过程的重要记录，能够详细记载人类科技的进步，提高科技成果传播与交流，促进科技进步，推动人类进步和经济、社会的可持续发展[7-8]。

科技文献资源囊括了图书、期刊论文、专利、学位论文、会议论文、研究报告、政府出版物、标准、年鉴等多种形式[9]。科技文献是一种非常重要且具有很强权威性的知识载体，通过对某一特定时期科技文献发表量、被引频次、高被引数量、合作数量及其标题、关键词、摘要等进行科学分析，深入挖掘相关学科领域的科技竞争力、研究热点前沿和发展趋势，有助于人们了解学科领域背后隐藏的知识、信息、规律和模式，有助于科研工作者、科研机构、高等教育院校、企事业单位等了解相关领域的研究现状、研究特征、研究热点前沿和发展趋势等，从而为学者撰写课题、项目研究报告及论文提供参考和可靠依据，为政府管理部门、科研机构、高等教育院校和企事业单位的管理决策、规划、方案提供新建议、新思路。提高科技文献资源利用率，促进科技文献共享，有利于推进科技协同创新，能有效提高科研整体水平和创新能力，从而进一步推动科技进步与社会经济发展。

本研究将科技文献（科技论文、专利文献、年鉴/统计数据）作为主要研究对象，围绕农业领域科技文献，以文献知识单元统计与分析为基础，利用智能信息处理、可视化等现代信息技术手段，对农业领域的科技活动进行分析和评价，实现对农业领域发展历史的回顾、研究现状的分析。

1.2.1 科技文献的本质

科技文献具有知识性、语义性、语言性、信息性、可加工性、价值性、老化性、独立性和兼容性等特性。在这些特性中，文献的知识特性、语义性与语言性、信息特性、可加工性、价值性、对创造者的独立性、格式的兼容性，这些都是科技文献的主要特性和属性。

（1）文献的知识特性。文献是一种对知识的记录，它是一种智力活动的产物，当知识被存储到物质记录载体中时就形成了文献。可以看出，无论是没有记录知识的载体，还是没有存入载体的知识，都不能成为文献，这就表明通过文献载体而传播的知识和载体是无法分离的。

（2）文献的语义性与语言性。文献是人类传播思想和研究成果的一种手段，因为人类交际的特点，文献的传播必须借助某种符号体系，就文献而言，它是通过语义、语言（包括符号、图形）来实现其作用的。

（3）文献的信息特性。各类文献中都包含着一些信息，因为这些信息具备了人类活动的特性，所以才被称为情报，它的功能可以释放人们认知中的不定性，并引发人们的思考。

（4）文献的可加工特性。任何一份文献，都可以在原来的基础上，对它进行多种形式的加工。它的加工目标可以是多个方面的，它的加工产品可以是原文献的替代产品,也可以是在原文献基础上生成的新文献。

(5) 文献的价值特性。文献是具有价值的,价值体现在其内涵,反映在人类对其多方面需求和利用之中,并在利用过程中遵循着一定的规律变化。

(6) 文献的老化特性。随着时间的流逝,文献的价值随之逐渐降低,即文献的老化,其实质是文献知识信息的衰老,与传统意义上的"物质价值的老化"有本质的不同。

(7) 文献的独立特性。一旦这些文献离开了创作者之手,它们就成为所有人的财产,并且不会受到创作者的影响。

(8) 文献的兼容特性。同样的知识可以用不同的方式被记录下来,而多种记录形式并不会对知识本身造成任何影响,这就体现了形式与内容之间的兼容性,从而可以在多种记录形式之中选择其最好的形式。

1.2.2 科技文献的社会性能

科学技术的本质特征,是使科技文献具有独特的社会性能。文献记录了人类的各种行为,收集并保持了人类科技的宝贵财产,是供全人类共享的一座宝藏,是人类科技事业得以发展的支撑资源。科技文献是科技发展情况的体现,因此,它既是某个时期或某个国家科技进步程度的一个指标,又是评价某个群体或个人成就的重要依据。科技文献是确定科技成果或技术创造权利的根本依据,该依据对科技发展具有重要意义。科技文献是科学技术得以学习、传承、引证和发展的梯阶,科技文献经过科技知识的归纳总结,通过科技文献的传播和运用,使科学技术的发展更上一层楼。科技文献是科技转化为生产力的一个主要途径,科技文献的传播能使科技成果得到最大限度的利用,对整个社会的生产起到推动作用。科技文献是科技情报传递的重要媒体,是人类科技信息传递的重要手段,在科技活动中起着"纽带"作用。

1.3 研究方式

随着大数据、物联网、云计算等技术的快速发展,科技文献数量呈爆炸性增加，给科学家们带来了极大的方便，但是也产生了许多问题，如内容多、数量大、类型多、利用率低、增速快等。其一是内容难以筛选，在科技文献的浩瀚海洋中，人类已不再担心文献资源的"缺乏"，而是被"过多"的问题困扰，即使克服了时间和空间的困难，也会在科技文献的内容选取上遭遇障碍，很难从海量的科技文献中迅速提炼出有用的知识，很难精确掌握学科的发展现状、前沿和动态；其二是科技文献的利用率较低，在科技文献资源呈指数级增加的同时，也存在着资源冗余、重复、闲置浪费、共享困难、信息孤岛等情况，这是由于科研人员对科技文献的研究和分析不够深入，对当前的现状、热点、前沿的认识不足，造成了资源的冗余、重复、遗漏等问题，此外，有些资源还会收取费用，对一般使用者造成很大的冲击，从而造成了科技文献资源的使用率低下等问题；其三是获取科技情报的渠道滞后，大部分研究人员使用的是一种传统的阅读方法来阅读文献，这不但产生了巨大的工作量，而且还会产生一些遗漏等问题，很难从大量的科技文献资源中抽取到有价值的信息，这就造成了科技工作者对学科领域的研究现状、前沿等缺乏把握，研究内容缺少创新性，研究方案缺乏系统性、完整性、科技性及可行性，研究目标也不尽合理；其四是创新性不足，创新来自资源和知识的累积，如果科技工作者对科技文献的阅读和研究不充分，很难获得有用的资讯，很难从宏观上对研究领域进行把控，也很难在前人的基础上，提出新的想法和观点，难以做到真正的创新，所以必须要对所从事研究领域的现状、热点主题、演化动态等都有一个全面的认识，这样才可以真正地进行科技创新，并产生高品质的科技成果。所以在面对大量科技文献的时候，科技文献产出的评价方法发挥着非常关键的影响，它可以将大量科技文献中所蕴含的规律和知识进行发掘，从而找到某一学科领域的科技竞争力、研究热点和发展趋势，从而提高科技论文的利用率，推动科技创新与共享，推动社会经济发展，为科研人员及科技管理提供科学、准确的信息。

对科技文献产出进行评价主要有两类：定性评价和定量评价。定性评价是指评价人依据自身的价值观念和历史观念，对某项评价所取得的结果所作的总体评价。定量评价是指评价人员依据所获得的文献，对评价结果进行具体的、精细的、量化的评价。从总体上看，定性评价是一种具有科技意义和权威意义的评价,而定量评价则是一种更加具体、准确和可操作的评价。从多个因素、多个角度进行的研究成果的评价被称为综合评价[10-11]。

当前科技文献分析研究方法中最常用的是文献计量学方法,"文献计量学"这一术语是英国学者普里查德于1969年提出的,并且把它定义为"把数学和统计学用于图书和其他文字通信载体的科学"[12]。文献计量是一种基于数学和统计学的定量分析方法,以文献信息外部特征为研究对象,采用数学与统计的方法描述、评价和预测某一研究的数量、结构和规律;这是一种以数学和统计学为基础的定量分析手段,在其方法系统中包含了统计分析法、引文分析法、共现分析法、聚类分析法等多种研究手段,将不同类型的科技文献外在特点作为研究目标,将这些手段单独或综合应用起来,并与信息可视化、数据挖掘等计算机前沿技术相结合,可以完成对学科领域发展的描述、研究前沿及热点的探测、新兴趋势的分析等。通过长期的探索与发展,以文献计量学为基础的科技监督理论与方法已经取得了丰硕的成果,但是,其本身所具有的一些缺陷(如统计计算量大、对科技文献的处理能力受限)使得其无法充分适应科技监督各个领域的实际需要,其相应的技术与方法系统还有待于发展与完善[13-18]。

知识图谱(Knowledge Graph,KG)作为一种具有可计算性的关联关系机制,已逐渐发展为一种新型的知识表达方式,对复杂信息的描述与推断具有良好的亲和力,且具有较强的语义化与开放性。当前,关于知识图谱的定义还没有统一的标准,一些研究者将其看作是一类以三元组(SPO)为基础的有向图结构的语义网络知识库,用于刻画真实环境中各类实体、概念以及它们之间的联系[19]。而链接数据语义网络知识库是与知识图谱最为相近的一种概念,正如 *Exploiting Linked Data and Knowledge Graphs in Large Organizations* 中提出了"知识图谱:以实体为中心的关联数据视图(Knowledge Graph: An Entity Centric View of Linked Data)",把知识图谱看作具有属性的实体通过关系链接而成的网状知识库[20]。将科技知识作为研究对象,展示学科发展过程与结构关系的一种图形,可描述和刻画出不同知识单位或知识群体之间的网络结构,以及其交互、交叉、衍化等复杂的联系,具有直观、定量、简单、客观等特点,其基本原理是通过对科技文献中作者、期刊、关键词、参考文献等不同类型的研究,进行相似性的分析与度量[21]。科技知识图谱的出现和发展,使文献计量学方法在许多学科中被广泛应用,得到了很大程度的提高[22-24]。

1.4 科技研究成果评价

在评价科研教学单位科技竞争力水平时,科技文献产出是一项十分关键的指标。利用文献计量学的相关指标,如影响因子、被引频次等,可以对某一机构或个人的学术活动和学术影响力进行定性和定量的综合评价[25-26]。

从20世纪90年代开始,我国各高校、科研院所和政府部门都把科研论文的产出当作评价一个单位的科研竞争力或者是一个人科研能力的一个主要指标。对科研成果进行科学、理性的评价,可以为科研工作者提供一个良好的工作环境,从而充分调动他们的学术创作潜力,提高他们的学术研究持续创新能力[27-32]。21世纪初,世界各国论文发表数量逐年激增,据科技文献数据库(Web of Science,WOS)统计,2022年全球共发表科技论文约347.59万篇,其中,中国发表科技论文约83.44万篇,发文量位居全球第一,美国以73.58万篇位居第二。每年如此庞大的科技文献数量对科研产出评价指标的科学性和可行性提出了更高的要求。因此,建立一套科学、合理的科研产出评价指标体系,对于评价科研成果影响和科研成果质量都是十分必要的。

1.4.1 国内科技成果评价现状

我国科学评价从中华人民共和国成立初期的行政评议到同行评议再到指标量化评价。科学评价体系的发展进程也可以被划分成3个时期。

第一个时期,1982—1993年,科学评价方式以自发和分散形式为主,评价对象以学术内部活动为主,评价标准以同行之间评价为主,全社会对科学研究的评价并没有给予足够的重视;但这一时期是我国科学评价方法研究起步的阶段,通过国际学术会议以及图书、期刊等科技文献资源,层次分析法(Analytic Hierarchy Process,AHP)[33],数据包络分析方法(Data

Envelopment Analysis，DEA）[34]，灰色系统方法（Grey System）[35]，人工神经网络方法（Artificial Neural Networks，ANN）[36]，双基点法（Technique for Order Preference by Similarity to Ideal Solution，简称 TOPSIS）[37-39]等研究方法引入我国，这些分析方法立即在学术界引起了研究热潮，并很快应用于我国的科研评价实践中；邱均平等引入了文献计量学的理论与实践方法[13-14]，开启了国内文献计量法研究工作的先河。

第二个时期，1994—2000 年，是国家和学术界有组织的研究阶段，国内对科技成果的评价已普遍采用了以同行评议与科学计量分析等多种评价方法进行综合评价[40-41]，科研评价问题也得到了迅速的发展，评价方法研究已经不再局限于实践经验的探讨与交流，而开始向方法模型研究、评价指标系统研制等方面发展，关于评价体系的构建逐步受到人们的关注[42-43]；在这一时期，清华大学和中国科学院科技政策与管理科学研究所承担了科技部①有关科研评价的研究项目，中国科学院文献信息中心开展了"国家自然科学基金绩效评价研究"，中国社会科学院通过德尔菲法进行专家咨询，设计了较为完整的社会科学成果指标体系，并在院内试运行后通过专家鉴定，完成了优秀的研究成果《社会科学成果评价指标体系》；还研发创建了中文社会科技引文索引（CSSCI）数据库、万方数据知识服务平台、中国知识基础设施工程（中国知网，CNKI）、维普网等科技文献资源库。这些项目、成果和资源库标志着我国已对科学评价进行了较为深入、系统的研究，科学评价已在学术界得到了普遍的应用。

第三个时期，2001 年至今，开启了科学评价的全面系统发展阶段，这一时期对科学评价方法、体系进行了深入研究，并产生了一批富有中国特色的科学评价体系及平台；相继推出了中国科技信息研究所研制的"中国科技论文统计与引文分析数据库"（CSTPC）、中国科学院研制的"中国科学引文数据库"（CSCD）、南京大学研制的"中国人文社会科学引文索引"（CSSCI）、中国社会科学院文献情报中心研制的"中国人文社会科学引文数据库"，以及武汉大学中国科技评价研究中心编写的《中国学术期刊评价研究报告》等成果，为国内科技成果评价提供了一个全面和系统的现代化科

---

① 中华人民共和国科学技术部，全书简称科技部。

技评价工具和手段。

1.4.2 国外科技成果评价现状

美国的社会科学研究评价以专家评审为主,并将定量评价指标与科研项目、科研成果、科研人才和科研组织等多个层面相结合,从多个层面对其进行评价。在研究项目评价方面,美国政府主要通过国家科学基金和艺术与人文基金对社会科学研究进行评价。1965年,美国国会通过了《国家艺术与人文基金法案》,设立国家艺术与人文基金,用以资助美术与人文科学的研究,并采用同行评议的方式进行项目立项评审,并以产出与影响力的各项具体基本指标用来评价项目绩效。1993年,美国国会批准了GPRT法案(政府绩效法案,Government Performance and Results Act),用于制定5年的发展策略,并对年度绩效目标完成情况进行分析和汇报。2002年,管理与预算办公室开发了一套项目评估定级工具,用以配合GPRA法案对各政府的执行情况进行测评,以确定合理的年度财政预算;同时,利用GPRA法案及项目评估等手段对科研成果进行评价。美国社会的科技评价和管理制度相对比较健全,一直以来都在强调科学研究的成果是为了人民的福祉和社会改造,因此,衡量社会科学研究有效性的首要标准是其是否具有经济价值。以科研工作者为研究主体,对同领域和相关领域的研究成果进行同行评议,但因同行评审的社会认识存在差异,其客观性、公正性存在一定质疑,随着评价体系的发展与调整完善,美国国家自然科技基金多次确认了同行评议的必要性和可行性,但却对其公平性与客观性产生了怀疑,并以标准化与量化相结合的方式对其进行了全面的补充与完善,如民意调查、社会试验等具有总体适用性的社会评价方法也被美国所采用。科研人员的研究成果主要通过论文形式体现,科研机构的研究成果主要以研究团体成果的形式表现出来,对科研人员和科研机构的研究水平的评价已经融入研究项目、计划和机构、地区、国家研究成果评价,评价方法主要采用同行评议与文献计量法相结合的方式[44-48]。

英国学术评价的独特性在于其评价主体为政府。英国高等教育资助委员会(Higher Education Funding Council for England,HEFCE)每4年进行一次综合性科研评价(Research Assessment Exercise,RAE)。英国高校通过对科研水准的评价,并将评价的结论应用到科研基础建设上。自 20 世纪 80 年代起,英国各高校开始采用英国的"学术评价"来评估各高校的科研成果。在此基础上,引入有关专家机构对评价结果的公开性与公正性进行评价。英国学者对评价指标的研究包括论文发文量、被引用论文量、论文的质量和效用,通过对科研工作者从其他单位取得的收益、取得的专利、取得的授权、取得的合约等进行评价。这些指标可以用来评价科研工作者从其他单位获得的收益、专利、授权、合约等信息。这种评价指标对其他学科产生了很大的冲击,例如效用指标主要由外部收入、专利和合同等评价,更加符合自然科技和工程学的现实,而这种评价方式是建立在市场规则基础上的,侧重于投入—产出评价,使得该评价体系的定量评价方式受到了普遍的质疑[49]。

在德国,同行评价是一种以小型评价为主导的评价模式[50]。德国研究联合会(Deutsche Forschungs Gemeinschaft, DFG)和洪堡基金会(Hondonberg Fund, HF)是在基础科研方面提供资助的主要机构;德国研究联合会作为德国最大的科学研究资助机构,其宗旨是"在经济上对各学科的研究工作予以支持,并促进科研人员之间的合作";洪堡基金会于 1860 年成立,主要资助全球最优秀的科研人员赴德国的大学及研究机构进行访问学习,洪堡基金会评估大学和研究机构的重要指标之一是每 100 位教授与其引进的洪堡奖学金获得者的比例;2003 年,洪堡基金会通过统计分析公布了"2003 年德国高等教育机构科研实力排行榜"。

20 世纪 90 年代,日本通过一系列法律制度对其政府研究评价实施方法进行了规范,对开展评价的各方面事项都做出了详细的规定,各政府部门在法律制度的框架内进行评价工作。对于科研成果评价,主要依据是著作和学术论文的数量、质量、创新性、引用率和研究的指标能力等因素,评价指标包括论文发表数量和引用次数、著作出版、学术论著等。此外,还提出了开放型研究评价体系的基础框架,对不同的评价对象和评价内容,根据研究的目的、任务、性质、方式、规律和时间进行分类,并采用不同的实施方法[51]。

除以上国家外,法国、加拿大、澳大利亚、瑞典、韩国等发达国家也相继进行了适合本国国情的科研绩效评估应用研究。此外,经济合作与发展组织（OECD）和联合国教育、科学及文化组织（UNESCO）等国际机构组织发起的建立国际性标准科研评价的科学指标框架也已取得了一定的成效。

1.5 科技竞争力概述

科技竞争力是一个国家（地区）科技总量、实力以及科技水平与潜力的综合体现，是构成国际竞争力的重要组成部分和关键性要素，不仅在经济竞争中具有决定性作用，而且对促进人类社会可持续发展发挥重要的推动与协调作用。在20世纪90年代，随着全球化的加速和科技发展的日新月异，提升国际竞争力成为全球发展的重要议题，许多国家将其作为迈向21世纪的首要目标。在这个背景下，科技竞争力的地位也得到了极大的提升[52-56]。

科技竞争力作为国际竞争力的重要组成部分，是推动国际竞争力发展的核心力量。世界经济论坛（WEF）和瑞士洛桑国际管理发展学院（IMD）是国际竞争力研究领域的权威机构，他们对于科技竞争力的评估和比较结果受到全球各国政府、研究机构以及产业界的重视。这些机构在理论和测度以及分析和研究中，强调科技活动在国际竞争力发展中的重要作用。他们提出了国家科技国际竞争力的概念，并在国际竞争力框架下设计了科技国际竞争力的指标体系，这些指标被用于每年的《全球竞争力报告》和《世界竞争力年鉴》中[57-58]。自1994年起，中国正式加入WEF和IMD的全球和世界国际竞争力评价体系。

对于科技竞争力的理解和评价，应当基于市场经济的原则和世界发展趋势，客观地认识各个构成因素及其整体概念；应当遵循目标驱动、问题导向、方法科学、数据准确、分析严谨、解释谨慎等基本原则；只有这样，才能正确地面对问题，发现薄弱的环节，并制定科学、积极、有效的政策，推动我国科技竞争力的显著提升。自20世纪70年代末期以来，科技文献量化评估指标逐渐成为衡量高校、科研院所等科研机构竞争力的主要工具之一。从学术论文、专著、专利和科学研究数据等多元科研产出角度对科教单位进行竞争力评价，有助于了解地区科研、教学机构的发展现状和趋势，提升科研院所的科研管理水平,并推动科技创新体系和政策的完善[59-63]。

综上所述,科技竞争力是一个国家(地区)在全球化时代的重要支柱,是推动经济发展和社会进步的关键力量。正确理解和评价科技竞争力,对于制定有效的政策和发展战略具有重要意义。科技竞争力研究在揭示科技发展进步、科研成果影响力评价、学术成果质量评价、新兴前沿领域识别、技术发展脉络梳理、学科交叉方向识别等方面具有重要的作用。科技竞争力研究有助于认清自身当前的发展水平,客观研判国家(地区)和机构的科研实力综合排序,对跻身创新型国家(地区)前列、建设世界科技强国具有重要意义。

参考文献

[1] 习近平:在庆祝海南建省办经济特区30周年大会上的讲话[EB/OL].[2018-04-13]. http://www.gov.cn/xinwen/2018-04/13/content_5282321.htm.

[2] 国务院关于印发中国(海南)自由贸易试验区总体方案的通知[EB/OL].[2018-10-16]. http://www.gov.cn/zhengce/content/2018-10/16/content5331180.htm.

[3] 中共中央 国务院印发海南自由贸易港建设总体方案[EB/OL].[2020-06-01]. http://www.gov.cn/zhengce/2020-06/01/content_5516608.htm.

[4] 《海南省"十四五"推进农业农村现代化规划》新闻发布会[EB/OL]. https://www.hainan.gov.cn/hainan/szfxwfbh/202107/f6901a8788134605a2fd4f67218ba455.shtml.

[5] 海南省统计局,国家统计局,海南调查总队.海南统计年鉴(2021年)[M].北京:中国统计出版社,2021.

[6] 赵丹阳.数字环境下科技文献信息开发利用与服务模式研究[D].长春:吉林大学,2012.

[7] 陶明,余丽,张润杰.科技文献中短语级主题抽取的主动学习方法研究[J].数据分析与知识发现,2020,4(10):134-143.

[8] 何伟林,奉国和,谢红玲.基于CSToT模型的科技文献主题发现与演化研究[J].数据分析与知识发现,2018,2(11):64-72.

[9] 王燕鹏.国内基于主题模型的科技文献主题发现及演化研究进展田[J].图书情报工作,2016,60(3):130-137.

[10] HICKS D, WOUTERS P, WALTMAN L, et al. The Leiden Manifesto for research metrics [J]. Nature, 2015, 520:429-431.

[11] 黄崇江,刘霞.科研院所科技评估体系的实证分析探讨[J].科研管理,2018,39(S1):57-60.

[12] BROADUS R N. Toward a definition of "bibliometrics" [J]. Scientometrics, 1987, 12:373-379.

[13] 邱均平.文献计量学的理论、方法和应用[J].图书情报知识,1984(4):43-46.

[14] 邱均平.文献计量学的定义及其研究对象[J].图书馆学通讯,1986(2):71.

[15] 邱均平.我国文献计量学的研究和发展[J].情报学报,1987,6(6):466-472.

[16] 邱均平,段宇锋,陈敬全,等.我国文献计量学发展的回顾与展望[J].科学学研究,2003(2):143-148.

[17] 邱均平,王曰芬,文献计量内容分析法[M].北京:国家图书馆出版社,2008.

[18] 罗式胜.文献计量学概论[M].广州:中山大学出版社,1994:1-5.

[19] SOWA J F. Principles of semantic networks:Exploration in the representation of knowledge [M]. San Francisco Morgan Kaufmann, 1991.

[20] PAN J Z, VETERE G, GOMEZ-PEREZ J M, et al. In exploiting linked data and knowledge graphs in large organisations [M]. Berlin:Springer, 2017.

[21] 赵丹群.试论科学知识图谱的文献计量学研究范式[J].图书情报工作,2012,56(6):107-110.

[22] 宗乾进,袁勤俭,沈洪洲,等.2001—2010年国内情报学研究

回顾与展望：基于知识图谱的当代学科发展动向研究［J］. 情报资料工作，2012（1）：10-15.

［23］ 宗乾进，袁勤俭，沈洪洲，等. 知识图谱视角下的 2010 年我国情报学研究热点：基于知识图谱的当代学科发展动向研究之一［J］. 情报杂志，2011，30（12）：48-53.

［24］ 宗乾进，沈洪洲，袁勤俭，等. 2009 年中国情报学研究热点的知识图谱分析［J］. 情报杂志，2011，30（5）：33-37.

［25］ 季淑娟，董月玲，王晓丽. 基于文献计量方法的学科评价研究［J］. 情报理论与实践，2011，34（11）：21-25.

［26］ 董琳，刘清. 国外学科评价及其文献计量评价指标研究［J］. 情报理论与实践，2008（1）：37-40.

［27］ 国家科委. 中国科学技术指标［M］. 北京：中国人事出版社，1994，1996，1998.

［28］ 黄崇江，陈军，王炳仁，等. 科研院所团队培训的挑战与应对［J］. 继续教育，2011，25（7）：23-25.

［29］ 苏学，吴广印. 科研创新产出评价指标体系的初步构建［J］. 情报杂志，2010，29（S1）：138-140.

［30］ 刘国庆. 探讨社会科学研究成果评价指标体系［J］. 才智，2012（23）：197.

［31］ 黄云生，郭红，王娟. 科研经费绩效评价制度创新研究：以高校为例［J］. 教育财会研究，2020，31（5）：60-69.

［32］ 刘辉锋，杨起全. 基于论文与专利指标评价当前我国的科技产出［J］. 科技管理研究，2008（8）：48-50.

［33］ SHIM J P. Bibliographical research on the analytic hierarchy process (AHP)［J］. Socio-economic Planning Sciences, 1989, 23 (3): 161-167.

［34］ CHARNES A, COOPER W W, RHODES E. Measuring the efficiency of decision making units［J］. European Journal of Operational Research, 1978, 2 (6): 429-444.

［35］ 邓聚龙. 灰色控制系统［M］. 武汉：华中工学院出版社，1985.

［36］ MEHRA P, WAH B W. Artificial neural networks：Concepts and theory [M]. Los Alamos: IEEE Compnter Society Press, 1992.

[37] WASSERMAN P D. Neural computing theory and practice [M]. New York: Van Nostrand Reinhold, 1989.

[38] 王慧, 喻琨. 运用加权TOPSIS法的学术期刊影响力的定性与定量评价研究 [J]. 经济师, 2020 (12): 32-33, 35.

[39] 夏曦, 崔晋川. 改进型双基点多指标多方案排序法 [J]. 运筹与管理, 2006 (5): 17-23.

[40] 苏为华. 多指标综合评价理论与方法问题研究 [D]. 厦门: 厦门大学, 2000.

[41] 马强, 陈建新. 同行评议方法在科学基金项目管理绩效评估中的应用 [J]. 科技管理研究, 2001 (4): 37-41.

[42] 邱均平. 文献计量学科学计量学情报计量学的发展 [J]. 情报理论与实践, 1999 (3): 74-76.

[43] 邱均平. 90年代的文献计量学研究与应用 [J]. 武汉大学学报 (哲学社会科学版), 1996 (2): 112-118.

[44] ROBERT K M. The sociology of science: Theoretical and empirical investigations, Chicago [M]. Chicago: Chicago University of Chicago Press, 1973.

[45] STEPHEN C, LEONARD R, JONATHAN R C. Peer review and the support of science [J]. Scientific American, 1977, 237 (4): 34-41.

[46] GARFIELD E. Citation indexing-its theory and application in science, technology, and humanities [M]. Philadelphia: ISI Press, 1979: 63-21.

[47] 中国社会科学院外事局辑. 美国社会科学现状与发展 [M]. 北京: 社会科学文献出版社, 2001: 370-393.

[48] 美国国家科学基金会. 科学和工程指标 [R]. 科技部政策体改司, 中国科学技术信息研究所, 1996.

[49] HENK E M. Research assessment in social science and humanities [EB/OL]. http://www.lingue.unibo.it/evaluationin - thchumanities/

Research Assessment in Social Science and Humanities, 2010.

[50] 汪平忠, 倪瑞明. 德意志研究联合会科学研究资助任务和财政计划（第八卷）[M]. 北京：科学出版社, 1994.

[51] 日本科学技术厅科技政策研究所. 科学技术指标 1997 [R]. 东京, 1998.

[52] 绀野登, 野中郁次郎. 知本经营—创造动态的竞争力 [R]. 日本经济新闻社, 1995.

[53] 高桑郁太郎. 创造知识的竞争战略 [R]. 宝石公司, 1995.

[54] 中国科学技术信息研究所. 中国科技论文统计与分析（年度研究报告）[R]. 1987-1998.

[55] 国家体改委经济体制改革研究院, 中国民大学, 综合开发研究院（中国深圳）联台研究组. 中国国际竞争力发展报告（1996, 1997, 1999）[M]. 北京：中国人民大学出版社, 1997, 1998, 1999.

[56] 机械工业信息研究院. 科技竞争力理论及其应用研究报告 [R]. 1999.

[57] World Economic Forum (WEF). The global competitiveness report [R]. 1996, 1997, 1998.

[58] Intennational Management Development (IMD). The world competitiveness yearbook [R]. 1996, 1997, 1998.

[59] 丁晓良. 中国科技体制改革的经济学分析 [M]. 北京：科学出版社, 1998.

[60] 姜万军. 中国科学技术国际竞争力评价 [J]. 石油化工动态, 1999 (3): 61-62.

[61] 娄丽娜. 文献计量学在科研机构竞争力评价中的应用研究 [J]. 图书情报工作, 2014, 58 (S2): 209-211, 214.

[62] 孙秀焕. 中国农业科研机构竞争力研究 [D]. 北京：中国农业科学院, 2012.

[63] 李冬琴, 李靖华, 吴晓波. 我国高校和科研机构科技竞争力的比较分析 [J]. 科学学研究, 2003 (4): 378-384.

第 2 章

海南省农业基础研究领域态势分析

2.1 概述

2.1.1 研究目的

作为我国最南部省份,海南享有得天独厚的热带特色气候与地理优势。立足海南省优良的生态环境和独特的热带作物资源,热带农业已成为海南省实施乡村振兴、加快经济发展的重要动力。通过解读国家及海南省关于热带农业相关政策文件,主要包括《"十四五"推进农业农村现代化规划》《"十四五"全国农业农村科技发展规划》《海南省"十四五"推进农业农村现代化规划》《海南省高新技术产业"十四五"发展规划》《海南省优化科研管理提升科研绩效若干措施》《海南省"十四五"科技创新规划》等,可以看出"十四五"期间农业科技发展一直被党中央所关注,海南省作为"中国特色农产品优势区"更是得到了党中央的高度重视,而且作为海南省的传统特色产业之一,热带高效农业是自贸港建设的重要组成部分。

在做优做强热带特色高效农业方面,海南正重点打造六大热带农业"特色名片"。即打造国家南繁科研育种基地,打造国家冬季瓜菜生产基地,打造热带水果生产基地,打造热带作物生产基地,打造现代渔业生产基地,打造特色畜禽生产基地,该导向将推动海南热带特色高效农业发展,助力海南自贸港建设[1]。

农业科技发展长期以来受到重点关注与支持。海南省区域特色优势明显,热带农业的未来发展很大程度上依赖于海南省农业科学研究的进一步开展。在"十四五"期间,客观总结 2013—2022 年海南省热带农业科技成果,进一步把握科技发展现状和未来发展趋势,充分了解海南热带农业科技发展优势,有利于了解当前我国对于海南农业的具体需求,从而提出适用于当前形势的热带农业科技发展相关建议。

本研究选取 2013—2022 年 Web of Science(WOS)核心合集 Science Citation Index Expanded(SCI-E)外文文献数据库以及中国学术期刊(网络版)(CAJD)中文文献库收录的海南省农业领域基础研究相关文献作为样本数据,以 VOSviewer 等可视化工具为支撑,采用文献计量等方法对海南省农业领域基础研究相关文献进行分析,以期了解海南省农业领域基础研究态势,为海南省农业领域基础研究提供信息参考。

2.1.2 研究方法

2.1.2.1 文献收集与专家咨询

文献收集的过程是根据科研课题及科研工作需要,有组织、有计划地收集、调查相关文献资料。专家咨询是围绕某一问题或者主题,征询相关权威人士和专家的看法和意见的调查方法。通过广泛阅读有关可视化分析、计量学或者统计学等相关文献,确定研究指标,确定分析的关键方法与技术。本研究通过广泛阅读相关文献以及咨询相关领域专家,梳理检索词及确定构建关键词检索式;通过专家咨询、访谈,对分析结果进行解读、调整与分析。

2.1.2.2 文献计量分析法

文献计量分析法是利用统计学方法对文献进行统计分析,以数据来描述或揭示文献的数量特征和变化规律,从而达到一定研究目的的一种分析研究方法。通过研究文献的结构分布、数量关系等,从而了解变化规律,并进行定量管理,以此对科学技术的结构、特征与规律展开研究与探讨。

2.1.2.3 知识图谱法

知识图谱是把应用数学、图形学、信息可视化技术、信息科学等学科的理论方法与科学计量学中的引文分析、共现分析等方法相结合,用可视化的图谱形象地展示学科的核心结构、发展历史、前沿领域及整体知识架构,揭示研究领域或者学科领域的时序变化轨迹和发展趋势的一种分析方法。本研究以 Excel 为数据清洗工具对字段集合进行人工清洗;以 VOSviewer、Microsoft Charticulator 等为数据可视化分析工具,利用共现分析、聚类分析和地理可视化分析等技术构建图谱;通过对相关字段进行主题聚类,直观了解该研究领域的研究重点、研究热点与研究前沿。

2.1.2.4 内容分析法

内容分析法是对已记录的具有明显特征的文本内容、文献资料等进行定性和定量分析的科学研究方法。其目的在于解释文献所含有的隐形情报的内容,对事物发展作出相关的判断,是一种基于定性研究的量化分析。

2.1.2.5 数据统计法

采用 Excel 等软件工具,实现对数据的处理、统计、制表和绘图,实现对数据的批量处理及计算。

2.1.3 技术路线

本研究以 Web of Science 核心合集中的 Science Citation Index Expanded (SCI-E) 外文文献数据库以及中国学术期刊(网络版)(CAJD) 中文文献数据库为文献数据来源,通过数据筛选,借助于 VOSviewer 等工具,综合利用文献计量、可视化分析等方法,对国际、国内海南省农业领域相关科学研究的概况、重点、前沿、趋势进行可视化展示及深入分析,剖析海南省热带农业领域科学研究状况,为我国热带农业科研创新布局发展提供科技情报支撑。本研究的主要内容包括确定研究对象、构建检索式、数据清洗、数据分析—研究概况/研究热点/研究方向分析、数据解读与报告撰写。图 2-1 展示了本研究的技术路线。

2.1.3.1 数据来源

Web of Science™ 收录了 21 800 多种世界权威的、高影响力的学术期刊,内容涵盖自然科学、生物医学、社会科学、工程技术、艺术与人文等领域,最早回溯至 1900 年,其中科学引文索引(Science Citation Index Expanded, SCI-E)数据库涵盖 182 个学科的 9 500 多种高质量学术期刊。

《中国学术期刊(网络版)》(CAJD)是第一部以全文数据库形式大规模集成出版学术期刊文献的电子期刊,是目前具有全球影响力的连续动态更新的中文学术期刊全文数据库。CAJD 还是"十一五"国家重大网络出版工程的子项目,是《国家"十一五"时期文化发展规划纲要》中国家"知

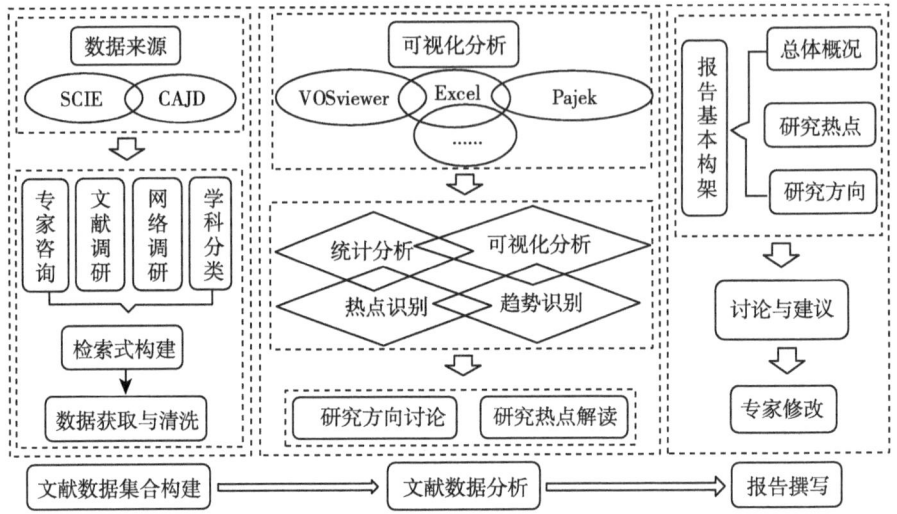

图 2-1　海南省农业基础研究领域发展态势分析技术路线

识资源数据库"出版工程的重要组成部分。收录中文学术期刊 8 520 余种，全文文献总量 6 130 余万篇。

本研究外文文献数据来自 SCI-E 数据库，中文文献数据来自中国学术期刊（网络版）（CAJD）中文文献数据库，所有数据年限均为 2013—2022 年。其中，基于数据质量的考虑，中文文献数据的筛选范围限定为刊载于北大核心或 CSSCI 期刊的文献。

2.1.3.2　明确研究对象

本研究通过专家咨询、文献查阅、网络调研等方式对海南省农业科学研究概念范围进行界定，确定本报告的研究对象，梳理检索词，构建海南省农业科学研究领域的检索词集合。检索策略如下。

<u>SCI-E 数据库</u>

检索式：AD=（haikou OR qionghai OR wenchang OR wanning OR anding OR tunchang OR chengmai OR lingao OR danzhou OR sanya OR dongfang OR ledong OR qiongzhong OR lingshui OR baisha OR changjiang OR wuzhishan OR baoting OR hainan）AND SU=（（Chemistry or Environmental Sciences Ecology or Science Technology Other Topics or Biochemistry Molecular Biology or Plant Sciences or Agriculture or Food Science Technology or Genetics Heredity or Biotechnology Applied Microbiology or Cell Biology or Marine Freshwater Biology or Microbiology or Water Resources or Oceanography or Zoology or Fisheries or Veterinary Sciences or Remote Sensing or Life Sciences Biomedicine Other Topics or Entomology or Forestry or Biodiversity Conservation or Evolutionary Biology or Reproductive Biology or Mycology) NOT (Transportation or Substance Abuse or Orthopedics or Paleontology or Astronomy Astrophysics or Art or Surgery or Respiratory System or Public Administration or Mechanics or Geography or Dermatology or Archaeology or Tropical Medicine or Social Sciences Other Topics or History Philosophy Of Science or Education Educational Research or Philosophy or Ophthalmology or Mineralogy or Cardiovascular System Cardiology or Automation Control Systems or Nuclear Science Technology or Legal Medicine or Business Economics or Construction Building Technology or Psychiatry or Transplantation or Mining Mineral Processing or Anthropology or Urban Studies or Gastroenterology Hepatology or Psychology or Radiology Nuclear Medicine Medical Imaging or Acoustics or Hematology or Parasitology or Anatomy Morphology or Medical Laboratory Technology or Microscopy or Optics or Geriatrics Gerontology or Virology or Thermodynamics or Pathology or Geochemistry Geophysics or Obstetrics Gynecology or Behavioral Sciences or Spectroscopy or Mathematical Computational Biology or Integrative Complementary Medicine or Mathematics or Crystallography or Infectious Diseases or Computer Science or Neurosciences Neurology or Developmental Biology or Endocrinology Metabolism or Reproductive Biology or Physical Geography or Physiology or Meteorology Atmospheric Sciences or Public Environmental Occupational Health or Metallurgy Metallurgical Engineering or Oncology or Nutrition Dietetics or Polymer Science or Instruments Instrumentation or Electrochemistry or Toxicology or Imaging Science Photographic Technology or Immunology or Geology or Pharmacology Pharmacy or Physics or Engineering or Materials Science or Research Experimental Medicine or Biophysics or Energy Fuels));出版年度=2013—2022。

<u>CAJD 数据库</u>

CAJD 依据文献内容设有基础科学、工程科技Ⅰ、工程科技Ⅱ、农业科技、医药卫生科技、哲学与人文科学、社会科学Ⅰ、社会科学Ⅱ、信息科技、经济与管理科学十大专辑，其下又细分为 168 个专题。根据 CAJD 产品

的专辑专题分类，将农业科技专辑下的农业基础科学、农业工程、农艺学、植物保护、农作物、园艺、林业、畜牧与动物医学、蚕蜂与野生动物保护、水产和渔业10个专题涵盖的文献纳入目标检索范畴，通过作者单位字段定位海南省农业科技产出成果，具体检索策略为：

AF=海口 OR 琼海 OR 文昌 OR 万宁 OR 定安 OR 屯昌 OR 澄迈 OR 临高 OR 儋州 OR 三亚 OR 东方 OR 乐东 OR 琼中 OR 陵水 OR 白沙 OR 昌江 OR 五指山 OR 保亭 OR 海南 OR 中国热带农业科学院。

文献分类=农业科技；

来源类别=北大核心 OR CSSCI；

出版年度=2013—2022。

2.1.3.3 数据清洗与数据集构建

SCI-E 数据库

本研究选择 SCI-E 数据库作为海南省农业科学研究领域研究分析的数据来源，时间范围限定为2013—2022年，通过构建检索式获得文献13 760篇。通过人工核对数据集PY即出版年字段，剔除2023年文献；通过 Web of Science Categories 学科分类和研究方向的限定，人工剔除医学和化学相关文献；通过人工核对数据集C1即地址字段，剔除地址非海南省的文献。经过一系列人工判断和清洗，如图2-2所示，最终得到海南省农业科学研究领域相关文献8 050篇。如表2-1所示，文献类型包括期刊文献、数据文献、文献综述、会议摘要、可编辑材料等，其中期刊文献占比约93%。

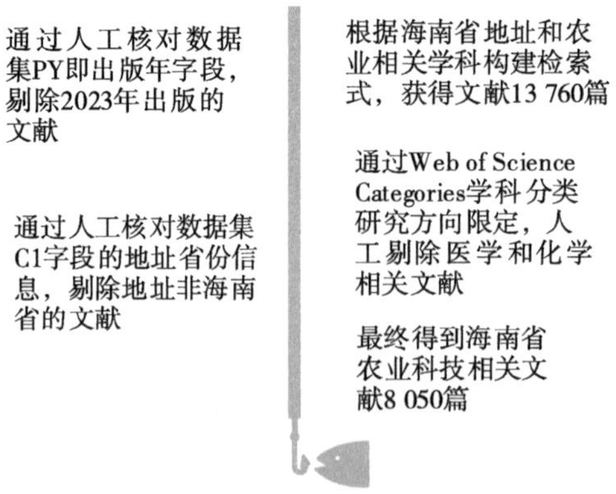

图 2-2　海南省农业基础研究领域科技文献数据清洗流程

表 2-1 海南省农业基础研究领域科技文献数据类型

文献类型	计数（篇）	占比（%）
论文	7 459	92.7
综述	197	2.4
可编辑材料	125	1.6
新闻	89	1.1
信件	67	0.8
论文；在线发表	47	0.6
会议摘要	25	0.3
会议论文	17	0.2
论文；数据论文	13	0.2
可编辑材料；在线发表	4	<0.1
综述；著作章节	3	<0.1
综述；在线发表	3	<0.1
数据库评论	1	<0.1

CAJD 数据库

本研究选择 CAJD 数据库作为海南省农业科学研究领域研究分析的数据来源，时间范围限定为 2013—2022 年，通过构建检索式获得文献 8 358 篇，通过发文机构字段进行人工清洗，最终得到海南省农业科技相关文献 7 948 篇。

2.1.3.4 研究领域态势分析

借助于 VOSviewer 1.6.18.0 等多种可视化分析工具，统计历年在 SCI-E 数据库和 CAJD 数据库中的海南省农业基础研究领域发文数量、机构分布、机构发文状况、作者分布、作者的发文状况、合作发文国家、重点合作国家发文状况、论文的被引率等，用以展示海南省农业基础研究领域的概况。对文献集合的关键词共现聚类、频次情况等进行分析，梳理高频关键词和高被引论文，分析海南省农业基础研究领域的研究现状、发展方向、发展趋势、研究重点和研究热点，为海南省农业基础研究领域提供信息参考。

2.1.3.5 数据解读

基于文献数据分析过程产生的可视化图表，结合海南省农业基础研究领域实际情况，解读数据分析的结果，从而对关键结论进行提炼，撰写出研究报告初稿；并组织海南省农业基础研究领域专家对研究结论进行讨论与交流，最后，根据相关专家论证结果修改和完善研究报告，完成研究报告定稿。

2.2 海南省农业基础研究领域态势分析——外文文献

2.2.1 文献总体趋势

通过回顾 2013—2022 年在 SCI-E 数据平台中海南省农业基础研究相关文献，可以大致了解海南省农业科技发展概况（图 2-3）。从整体发展来看，2013—2022 年在农业领域的科技文献年度发文量和总被引频次呈现出逐年上涨的趋势，2018 年之前，发表论文数长期处于较低水平，每年的文献增量大多不超过 100 篇，2018 年以来，海南省农业科技研究领域的年度发文量大幅度提升，尤其在 2020—2022 年，科技文献的年增长量分别达到 449 篇和 920 篇。2022 年总计发文量为 2 349 篇，占发文总数的 29%。综上所述，海南省农业领域的基础研究发展迅速，发文量增加说明研究实力不断提升，海南省农业领域越来越受到科研工作者的重视。

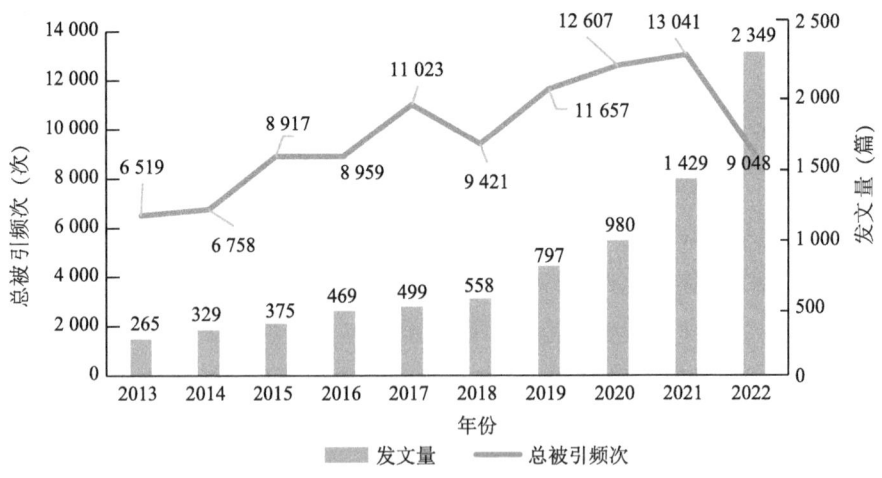

图 2-3 年度发文趋势

2.2.2 学科分析

表 2-2 和图 2-4 展示了海南省农业基础研究领域数据集的 Web of Science 学科类别分布情况，海南省农业基础研究领域相关文献分布在 41 个 Web of Science 学科中。其中，植物科学 1 639 篇，占比 14.5%；环境科学 1 025 篇，占比 9.1%；多学科科学 841 篇，占比 7.4%；遗传学与遗传 806 篇，占比 7.1%；生物化学与分子生物学 767 篇，占比 6.8%；食品科学与技术 555 篇，占比 4.9%；微生物学 476 篇，占比 4.2%；海洋与淡水生物学 474 篇，占比 4.2%；农学 450 篇，占比 4.0%；生物技术与应用微生物学 446 篇，占比 3.9%；生态学 350 篇，占比 3.1%；化学、多学科 307 篇，占比 2.7%；动物学 273 篇，占比 2.4%；渔业 265 篇，占比 2.3%；园艺 238 篇，占比 2.1%；昆虫学 188 篇，占比 1.7%；农业、多学科 159 篇，占比 1.4%；生物多样性保护 149 篇，占比 1.3%；土壤科学 146 篇，占比 1.3%；生物学 140 篇，占比 1.2%；兽医学 138 篇，占比 1.2%；细胞生物学 132 篇，占比 1.2%；绿色与可持续科技 130 篇，占比 1.2%；林业 130 篇，占比 1.2%；环境研究 127 篇，占比 1.1%；进化生物学 126 篇，占比 1.1%；化学、应用 122 篇，占比 1.1%；农业，乳制品和动物科学 112 篇，占比 1.0%；农业工程 101 篇，占比 0.9%；生化研究方法 87 篇，占比 0.8%；海洋学 78 篇，占比 0.7%；水资源 72 篇，占比 0.6%；真菌学 69 篇，占比 0.6%；鸟类学 57 篇，占比 0.5%；化学分析 32 篇，占比 0.3%；湖沼学 30 篇，占比 0.3%；细胞与组织工程 22 篇，占比 0.2%；化学、有机 21 篇，占比 0.2%；遥感 17 篇，占比 0.2%；纳米科学与纳米技术 5 篇，占比<0.1%；农业经济与政策 2 篇，占比<0.1%。图 2-5 展示了海南省农业基础研究领域数据集的 Web of Science 学科共现情况和学科发展趋势，值得注意的是环境科学、绿色可持续科技和环境研究学科领域的文献的平均发表时间分布在近两年，由此可知这 3 个学科是海南省农业基础研究领域中当前最热门的 3 个学科。

表 2-2 海南省农业基础研究领域相关文献的学科分类情况

排序	Web of Science 学科类别	计数（篇）	占比（%）	排序	Web of Science 学科类别	计数（篇）	占比（%）
1	植物科学	1 639	14.5	22	细胞生物学	132	1.2
2	环境科学	1 025	9.1	23	绿色与可持续科技	130	1.2
3	多学科科学	841	7.4	24	林业	130	1.2
4	遗传学与遗传	806	7.1	25	环境研究	127	1.1
5	生物化学与分子生物学	767	6.8	26	进化生物学	126	1.1
6	食品科学与技术	555	4.9	27	化学、应用	122	1.1
7	微生物学	476	4.2	28	农业，乳制品和动物科学	112	1.0
8	海洋与淡水生物学	474	4.2	29	农业工程	101	0.9
9	农学	450	4.0	30	生化研究方法	87	0.8
10	生物技术与应用微生物学	446	3.9	31	海洋学	78	0.7
11	生态学	350	3.1	32	水资源	72	0.6
12	化学、多学科	307	2.7	33	真菌学	69	0.6
13	动物学	273	2.4	34	鸟类学	57	0.5
14	渔业	265	2.3	35	化学分析	32	0.3
15	园艺	238	2.1	36	湖沼学	30	0.3
16	昆虫学	188	1.7	37	细胞与组织工程	22	0.2
17	农业、多学科	159	1.4	38	化学、有机	21	0.2
18	生物多样性保护	149	1.3	39	遥感	17	0.2
19	土壤科学	146	1.3	40	纳米科学与纳米技术	5	<0.1
20	生物学	140	1.2	41	农业经济与政策	2	<0.1
21	兽医学	138	1.2				

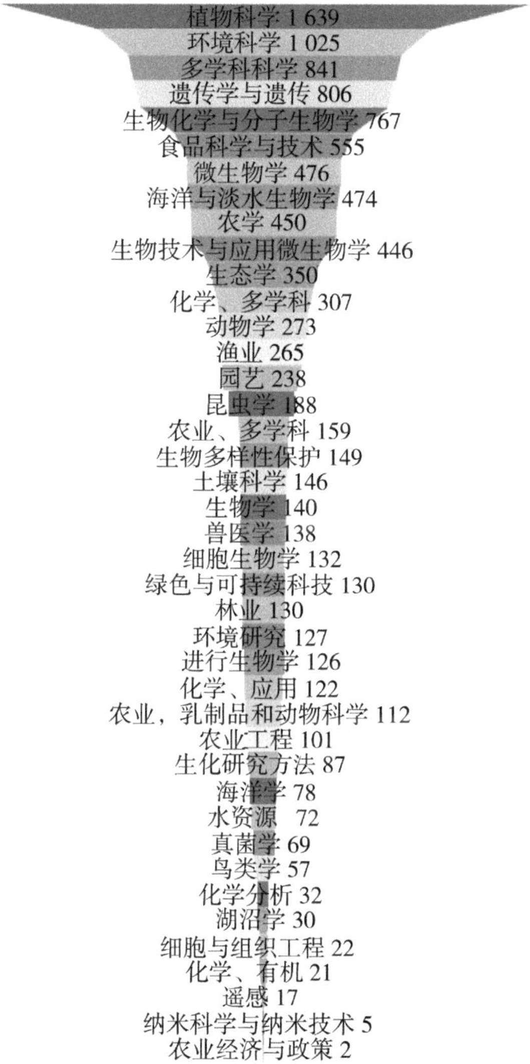

植物科学 1 639
环境科学 1 025
多学科科学 841
遗传学与遗传 806
生物化学与分子生物学 767
食品科学与技术 555
微生物学 476
海洋与淡水生物学 474
农学 450
生物技术与应用微生物学 446
生态学 350
化学、多学科 307
动物学 273
渔业 265
园艺 238
昆虫学 188
农业、多学科 159
生物多样性保护 149
土壤科学 146
生物学 140
兽医学 138
细胞生物学 132
绿色与可持续科技 130
林业 130
环境研究 127
进行生物学 126
化学、应用 122
农业，乳制品和动物科学 112
农业工程 101
生化研究方法 87
海洋学 78
水资源 72
真菌学 69
鸟类学 57
化学分析 32
湖沼学 30
细胞与组织工程 22
化学、有机 21
遥感 17
纳米科学与纳米技术 5
农业经济与政策 2

图 2-4 海南省农业基础研究领域相关文献的学科分类情况（单位：篇）

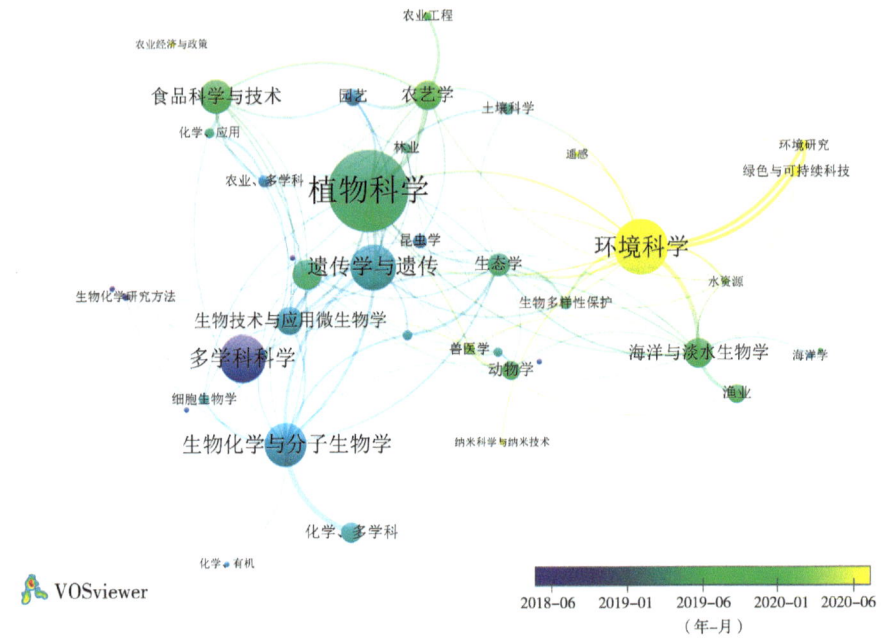

图 2-5　海南省农业基础研究领域相关文献的学科发展趋势

注：节点大小代表出现频次高低，节点越大代表频次越高；连线代表关联关系，两节点之间有连线代表存在共现关系，连线越粗则代表共现关系越强；背景色代表学科平均时间，依次由紫色到青色，再到黄色逐步接近 2022 年，黄色代表近两年关注度高。

2.2.3　期刊分析

海南省农业科技论文排名前二十的投稿期刊为植物科学前沿 317 篇，美国科学公共图书馆 262 篇，科学报告 251 篇，线粒体 DNA b 部分资源 234 篇，植物病害 170 篇，微生物学前沿 157 篇，国际分子科学杂志 155 篇，整体环境科学 135 篇，海洋科学前沿 117 篇，可持续性 116 篇，分子 115 篇，水产养殖 98 篇，工业作物和产品 82 篇，环境科学与污染研究 81 篇，遗传学前沿 69 篇，化学层 68 篇，BMC 基因组学 65 篇，PEERJ 65 篇，BMC 植物生物学 62 篇，农业与食品化学杂志 60 篇。排名前二十期刊的论文总量为 2 679 篇，占据总发文量的 1/3，为海南省农业基础研究领域论文投稿的核心期刊（图 2-6，表 2-3）。

第 2 章 海南省农业基础研究领域态势分析

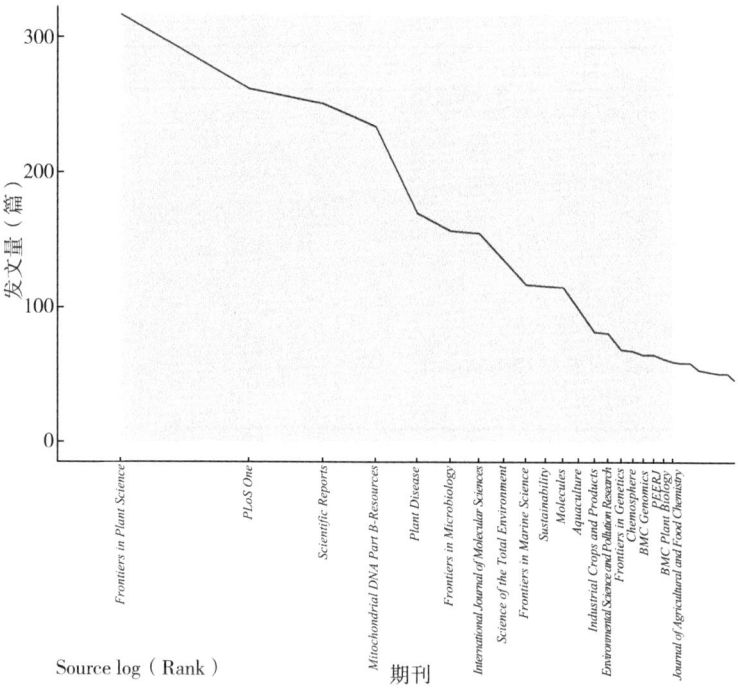

图 2-6　海南省农业基础研究领域的核心期刊

表 2-3　海南省农业基础研究领域的核心期刊

期刊	论文数（篇）
Frontiers in Plant Science	317
PLoS One	262
Scientific Reports	251
Mitochondrial DNA Part B-Resources	234
Plant Disease	170
Frontiers in Microbiology	157
International Journal of Molecular Sciences	155
Science of the Total Environment	135
Frontiers in Marine Science	117
Sustainability	116
Molecules	115
Aquaculture	98
Industrial Crops and Products	82

(续表)

期刊	论文数（篇）
Environmental Science and Pollution Research	81
Frontiers in Genetics	69
Chemosphere	68
BMC Genomics	65
PEERJ	65
BMC Plant Biology	62
Journal of Agricultural and Food Chemistry	60
合计	2 679

2.2.4 机构分析

海南省农业基础研究领域共分布在4 139家机构中。从总体来看，排名前十机构发文量皆在250篇以上（表2-4）。海南省农业基础研究领域发文量排名前十的科研机构为海南大学、中国热带农业科学院、中国科学院、海南师范大学、中国农业科学院、中国农业大学、海南医学院、海南热带海洋学院、浙江大学和华中农业大学。其中，海南大学、中国热带农业科学院和中国科学院总发文量远超过其他机构。2013年，海南大学与中国科学院的发文量相当，中国热带农业科学院发文量远超其他机构；随后几年，3家机构发文量稳步增长，2017年，海南大学发文量超过中国热带农业科学院，且其后几年的发文量均位列第一，尤其在2022年，海南大学发文量出现激增的现象。中国热带农业科学院、中国科学院等机构发文量始终平稳增长。

表2-4 海南省农业基础研究领域发文量排名前十的科研机构　　单位：篇

排序	机构	2013年	2014年	2015年	2016年	2017年	2018年	2019年	2020年	2021年	2022年	总计
1	海南大学	69	98	113	164	197	250	354	436	649	1 116	3 446
2	中国热带农业科学院	128	153	171	185	185	193	231	252	338	421	2 257
3	中国科学院	56	70	81	90	96	104	120	175	244	340	1 376
4	海南师范大学	21	24	28	33	36	44	78	84	116	130	594

(续表)

排序	机构	2013年	2014年	2015年	2016年	2017年	2018年	2019年	2020年	2021年	2022年	总计
5	中国农业科学院	14	16	17	21	21	22	26	43	76	175	431
6	中国农业大学	15	19	20	21	21	28	29	43	56	134	386
7	海南医学院	12	12	15	23	29	32	39	49	70	84	365
8	海南热带海洋学院	3	6	12	14	25	23	57	54	71	93	358
9	浙江大学	3	3	4	4	6	8	11	16	68	147	270
10	华中农业大学	2	5	11	13	15	16	29	29	55	78	253

2.2.5 作者分析

对海南省农业科技论文作者进行分析（表2-5），其中发文量超过50篇的作者共14人，分别为Liang Wei（125篇），Fahad Shah（122篇），Wang Yong（102篇），Wang Huafeng（81篇），Peng Ming（78篇），Hu Wei（76篇），Zhu Zhixin（65篇），Huang Hui（64篇），Shi Haitao（63篇），He Chaozu（59篇），Yang Canchao（59篇），Zeng Niankai（55篇），Li Songhai（52篇），Ding Zehong（51篇）。其中Peng Ming、Hu Wei和Ding Zehong来自中国热带农业科学院；Fahad Shah、Wang Huafeng、Shi Haitao和He Chaozu来自海南大学；Wang Yong、Huang Hui和Li Songhai来自中国科学院；Liang Wei和Yang Canchao来自海南师范大学；Zeng Niankai来自海南医学院。发文量超过百篇的人数为3人，分别是海南师范大学的Liang Wei、海南大学的Fahad Shah和中国科学院的Wang Yong。发文量超过50篇的人中篇均被引频次超过20次的人数为4人，分别是来自中国热带农业科学院的Peng Ming（28次/篇）、Hu Wei（27次/篇）和Ding Zehong（28次/篇），以及来自海南大学的Shi Haitao（25次/篇）。

表2-5 海南省农业领域发文量高于50篇的作者情况

排序	作者	论文量（篇）	篇均被引（次）	机构
1	Liang Wei	125	10	海南师范大学
2	Fahad Shah	122	13	海南大学

(续表)

排序	作者	论文量（篇）	篇均被引（次）	机构
3	Wang Yong	102	14	中国科学院
4	Wang Huafeng	81	5	海南大学
5	Peng Ming	78	28	中国热带农业科学院
6	Hu Wei	76	27	中国热带农业科学院
7	Zhu Zhixin	65	4	海南大学
8	Huang Hui	64	9	中国科学院
9	Shi Haitao	63	25	海南大学
10	He Chaozu	59	16	海南大学
11	Yang Canchao	59	9	海南师范大学
12	Zeng Niankai	55	9	海南医学院
13	Li Songhai	52	8	中国科学院
14	Ding Zehong	51	28	中国热带农业科学院

2.2.6 国际合作分析

图 2-7 和表 2-6 展示了 2013—2022 年中国海南省农业基础研究领域的国际合作情况。经统计，与中国海南省合作的国家和地区为 104 个。通过统计合作国家和地区共同发表论文情况，可以发现，美国以 748 篇农业科技相关的共同发表论文居首位（总被引频次高达 18 134 次），与中国海南地区的合作最为紧密。其次，与巴基斯坦共同发文 313 篇，总被引频次为 4 184 次。从图 2-7 各国平均时间线可以看出，近两年来，与巴基斯坦和埃及合作最为活跃。与海南省国际合作往来密切的其他国家：与澳大利亚共同发文 261 篇、与德国共同发文 167 篇、与法国共同发文 138 篇、与沙特阿拉伯共同发文 125 篇、与英国共同发文 125 篇、与加拿大共同发文 115 篇、与日本共同发文 110 篇、与埃及共同发文 81 篇、与捷克共同发文 72 篇、与印度共同发文 66 篇、与荷兰共同发文 50 篇、与西班牙共同发文 49 篇、与意大利共同发文 48 篇、与新加坡共同发文 43 篇、与俄罗斯共同发文 38 篇、与泰国共

同发文 37 篇、与丹麦共同发文 35 篇、与韩国共同发文 35 篇。

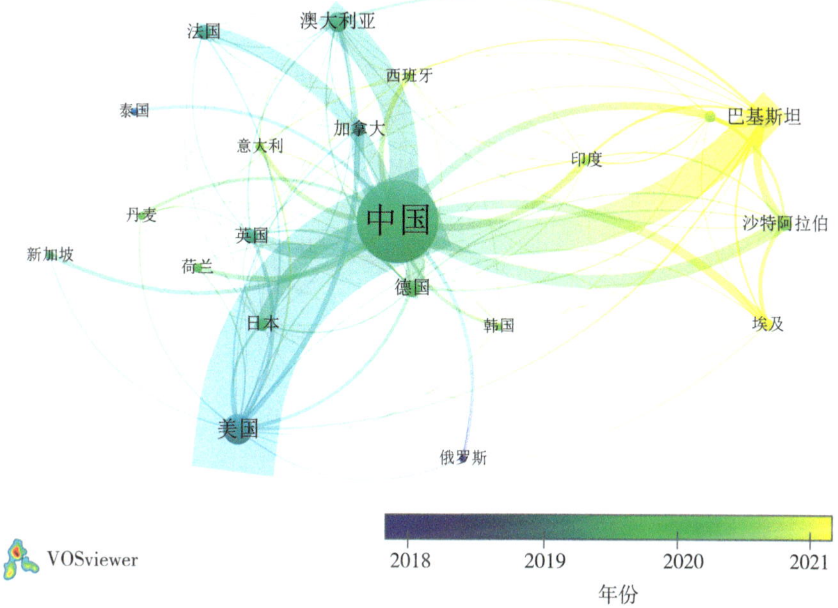

图 2-7 合作发文量排名前二十国家的合作网络

注：节点大小代表发文量多少，节点越大代表发文量越多；连线代表合作关系，两节点之间有连线代表存在合作关系，连线越粗则代表合作强度越高；颜色表示机构发文的平均时间，从紫色逐渐过渡到黄色的变化勾勒时间变化，紫色表示发文量集中在早期，黄色表示发文量集中在近期，过渡色调表示发文量年份间分布较为平均。

表 2-6 排名前二十的合作国家的共同发文情况

排序	国家	发文量（篇）	被引频次（次）	平均被引频次（次）	合作强度	发文集中年份
1	美国	748	18 134	24.24	1 254	2018—2019
2	巴基斯坦	313	4 184	13.37	681	2020—2021
3	澳大利亚	261	4 873	18.67	559	2019—2020
4	德国	167	5 182	31.03	500	2019—2020
5	法国	138	2 347	17.01	320	2019—2020
6	沙特阿拉伯	125	2 419	19.35	384	2020—2021
7	英国	125	3 440	27.52	362	2019—2020
8	加拿大	115	2 722	23.67	232	2019

（续表）

排序	国家	发文量（篇）	被引频次（次）	平均被引频次（次）	合作强度	发文集中年份
9	日本	110	3 851	35.01	280	2019—2020
10	埃及	81	1 354	16.72	221	2021—2022
11	捷克	72	964	13.39	253	2020—2021
12	印度	66	1 117	16.92	239	2020—2021
13	荷兰	50	2 538	50.76	136	2019—2020
14	西班牙	49	916	18.69	173	2020—2021
15	意大利	48	1 361	28.35	175	2020—2021
16	新加坡	43	1 978	46.00	109	2019—2020
17	俄罗斯	38	827	21.76	95	2017—2018
18	泰国	37	849	22.95	109	2018—2019
19	丹麦	35	1 538	43.94	150	2020—2021
20	韩国	35	378	10.80	102	2020—2021

2.2.6.1 中国海南省与美国合作

在农业基础研究领域的国际合作方面，中国海南省与美国合作最为密切，共同发表论文的发文量748篇，总被引频次18 134次，篇均被引频次24次，利用VOSviewer 1.6.18.0对共同发表的748篇文献进行机构合作网络分析，结果如图2-8所示。在农业基础研究领域，与中国海南省合作发文排名前二十的美国科研机构为美国佛罗里达大学（52篇，被引频次1 976次）、美国农业部农业研究局（35篇，被引频次750次），罗特格斯州立大学（33篇，被引频次642次），美国马里兰大学（24篇，被引频次485次），美国康奈尔大学（22篇，被引频次580次），亚利桑那大学（19篇，被引频次108次），佐治亚大学（19篇，被引频次1 267次），康涅狄格大学（17篇，被引频次302次），亚利桑那州立大学（15篇，被引频次571次），得克萨斯A&M大学（15篇，被引频次371次），明尼苏达大学（15篇，被引频次388次），克莱蒙森大学（14篇，被引频次521次），普渡大学（14篇，被引频次570次），伊利诺伊大学（14篇，被引频次416次），爱荷华州立大学（12篇，被引频次456次），普林斯顿大学（12篇，被引频次182次），夏威夷大学马诺阿分校（12篇，被引频次152次），俄克拉荷马大学

(12篇,被引频次530次)、加州大学戴维斯分校(11篇,被引频次165次)和肯塔基大学(11篇,被引频次117次)(表2-7)。其中,美国佛罗里达大学与中国海南省合作篇数高达52篇,篇均被引1 976次。海南大学、华中农业大学、中国热带农业科学院、中国农业科学院、浙江大学、南京农业大学、海南医学院等分布于海南省的各科研机构均与美国佛罗里达大学开展农业领域的基础研究合作;在近两年,海南大学与美国佛罗里达大学的合作最为活跃,而其他机构如中国热带农业科学院与中国科学院等国内机构与美国佛罗里达大学的合作时间集中在五年前,近几年双方合作有待加强(图2-8)。

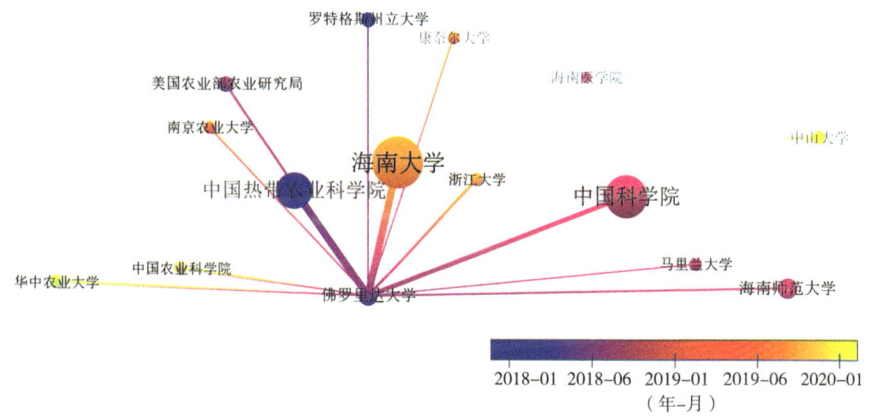

图2-8 美国佛罗里达大学在农业领域与中国海南省合作网络(机构发文量≥20篇)

注:节点大小代表发文量多少,节点越大代表发文量越多;连线代表合作关系,两节点之间有连线代表存在合作关系,连线越粗则代表合作强度越高;颜色表示机构发文的平均时间,从紫色逐渐过渡到黄色的变化勾勒时间变化,紫色表示发文量集中在早期,黄色表示发文量集中在近期,过渡色调表示发文量年份间分布较为平均。

表2-7 在农业基础研究领域与中国海南省合作排名前二十的美国科研机构

序号	科研机构	机构简称	发文量(篇)	被引频次(次)
1	美国佛罗里达大学	Univ florida	52	1 976
2	美国农业部农业研究局	Usda ars	35	750
3	罗特格斯州立大学	Rutgers state univ	33	642
4	美国马里兰大学	Univ maryland	24	485
5	美国康奈尔大学	Cornell univ	22	580

(续表)

序号	科研机构	机构简称	发文量（篇）	被引频次（次）
6	亚利桑那大学	Univ arizona	19	108
7	佐治亚大学	Univ georgia	19	1 267
8	康涅狄格大学	Univ connecticut	17	302
9	亚利桑那州立大学	Arizona state univ	15	571
10	得克萨斯A&M大学	Texas a&m univ	15	371
11	明尼苏达大学	Univ minnesota	15	388
12	克莱蒙森大学	Clemson univ	14	521
13	普渡大学	Purdue univ	14	570
14	伊利诺伊大学	Univ illinois	14	416
15	爱荷华州立大学	Iowa state univ	12	456
16	普林斯顿大学	Princeton univ	12	182
17	夏威夷大学马诺阿分校	Univ hawaii manoa	12	152
18	俄克拉荷马大学	Univ oklahoma	12	530
19	加州大学戴维斯分校	Univ calif davis	11	165
20	肯塔基大学	Univ kentucky	11	117

在农业基础研究领域的国际合作方面，中国海南省与美国合作最为密切，共同发表论文的发文量最高（748篇，总被引频次18 134次，篇均被引频次24次）。利用VOSviewer 1.6.18.0对共同发表的文献进行作者关键词聚类分析，可以看出，合作主要从3个方向展开（图2-9）。褪黑素、木薯、光合作用、植物免疫、基因表达、活性氧等高频词汇的聚类结果表明合作研究旨在围绕木薯等热带作物自身生理活性展开。例如，Bai Yujing、Reiter Russel J.等探讨褪黑素与活性氧、活性氮和植物激素在激活植物免疫应答中的相互作用[2]；Zeng Hongqiu、Reiter Russel J.等强调了褪黑素合成途径中的酶相互作用在调节木薯氧化还原稳态和逆境耐受性中的重要性[3]。系统发生、分类学、质体基因组、遗传多样性、选择等高频词汇的聚类分析结果表明，围绕物种系统发育与分类是另一个合作研究重点。Chen DaJuan、Landis Jacob B.等研究了槟榔科植物质体结构、系统基因组分析及分子鉴定[4]；Hu Lisong、Daniell Henry等研究了多倍体辣椒（*Zanthoxylum armatum*

和 Zanthoxylum bungeanum)的基因组复杂性及其进化适应性[5];Xiao Yong、Sager Ross 等研究了椰子微卫星标记的开发及其在椰子遗传多样性评价中的应用[6];Wu Hua、Di Rong 等致力于中国橡胶树白粉病病原真菌的分子鉴

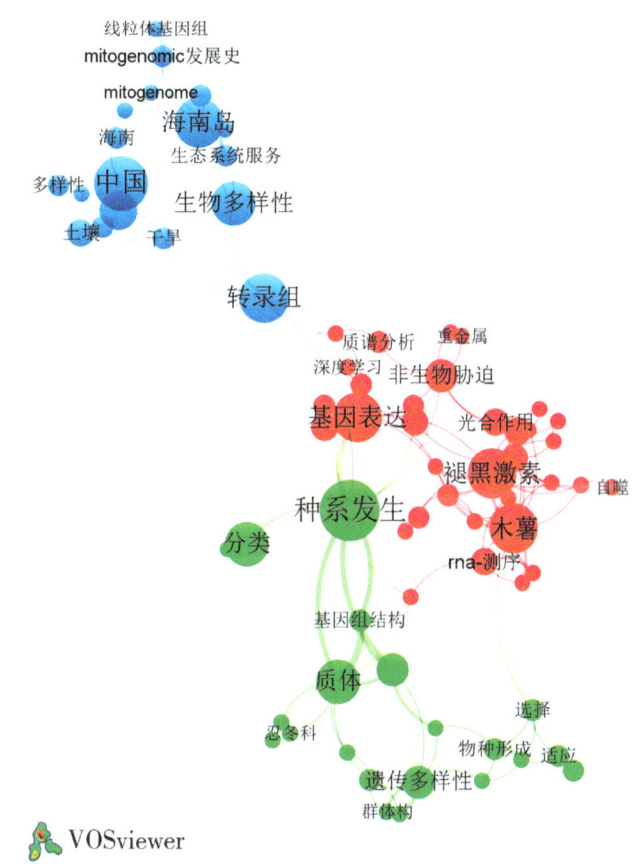

图 2-9　中国海南省与美国共同发表文献数据集的关键词聚类分析（作者关键词出现频次≥3 次）

注：节点大小代表关键词出现频次的高低，出现频次越高，节点越大；连线代表共现强度，共现强度越高，连线越粗；颜色代表聚类。

定[7];Zhu Zhixin、Moore Michael J. 等开发了中国的一种重要的食用和药用藤本植物——赤藓科红藓的全质体序列[8];Zhang Yuliang、Pennerman Kayla K. 等揭示了中国甘蔗种间杂交品种上甘蔗花叶病相关病毒的遗传多样性[9];Hu Xiaojuan、He Zhili 等揭示了中国广东沿海海水养殖基地微生物群落的代

谢和系统发育特征[10]。以转录组、生物多样性、气候变化、海南岛等高频词汇相关的基础研究也是两国之间合作的重点之一。目前相关研究结果有 Cheng Zhihao 等发表在 *BMC Genomics* 的《香蕉苯并噻二唑诱导的防御反应相关基因和通路的转录组分析和鉴定》[11]。Le Liang 等发表在 *Plcnt Biotechnology Journal* 的《一个时空转录组网络动态调节玉米茎秆发育》[12]。Li Shuxia 等发表在 *Frontiers in Plant Science* 的《全基因表达分析揭示木薯幼苗对寒冷和干旱胁迫的响应机制之间的串扰》[13]。Huang Xing 等发表在 *Agriculture-Basel* 的《龙舌兰转录组测序揭示了桂皮醇脱氢酶基因在龙舌兰物种中表达的保守性和多样性》[14]。Sun Qinghui 等发表在 *Annals of Botany* 的《对东亚地区特有的麻叶属植物进行系统基因组分析，揭示了其广泛杂交的时空多样化历史》[15]。Li Shining 等发表在 *Agroforestry Systems* 的《海南岛橡胶林与次生林的物种丰富度及群落组成比较》[16]。

2.2.6.2　中国海南省与巴基斯坦合作

在农业基础研究领域的国际合作方面，中国海南省与巴基斯坦合作密切，共同发表论文 313 篇，总被引频次 4 184 次，篇均被引频次 13 次，利用 VOSviewer 1.6.18.0 对共同发表的 313 篇文献进行机构合作网络分析，结果如图 2-10 所示。2013—2022 年，在农业基础研究领域与中国海南省以共同发表论文展开合作的巴基斯坦科研机构中，发文量排名前十的包含哈里普尔大学、巴哈丁拉齐大学、巴基斯坦农业大学、费萨拉巴德农业大学、斯瓦比大学、阿卜杜勒·瓦利汗大学、巴伊兰大学、费萨拉巴德政府学院大学、拉合尔教育大学、沙特阿卜杜拉阿齐兹大学（表 2-8）。海南省与巴基斯坦各科研机构的合作较为集中，有 3 家机构共同发文超过 50 篇，分别是哈里普尔大学（111 篇，被引频次 1 488 次）、巴哈丁拉齐大学（68 篇，被引频次 940 次）和巴基斯坦农业大学（51 篇，被引频次 693 次）（表 2-8）。从图 2-10 不难看出，海南省与巴基斯坦各机构的合作主要集中在 2020 年以后。海南大学与哈里普尔大学、巴哈丁拉齐大学、费萨拉巴德农业大学、巴基斯坦农业大学建立了紧密的合作关系。

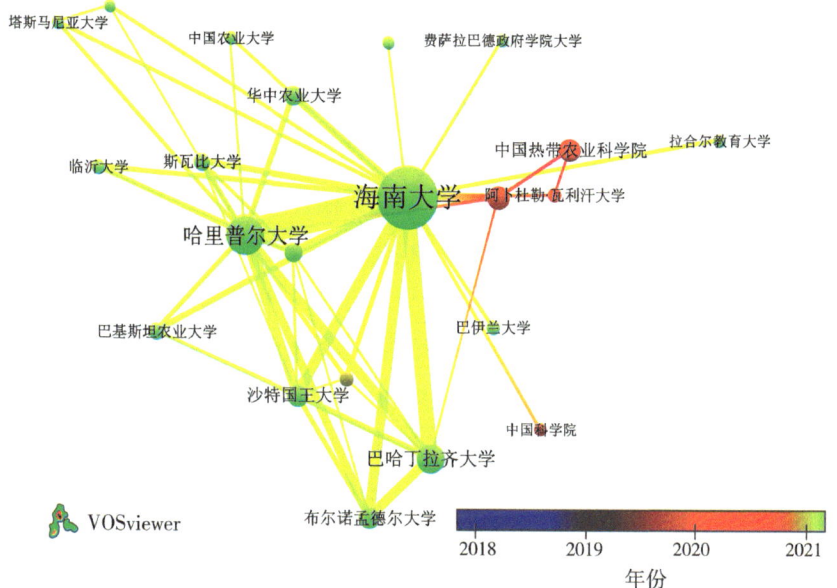

**图 2-10 中国海南省与巴基斯坦科研机构在农业基础研究
领域的合作网络（机构发文量≥20 篇）**

注：节点大小代表发文量多少，节点越大代表发文量越多；连线代表合作关系，两节点之间有连线代表存在合作关系，连线越粗则代表合作强度越高；颜色表示机构发文的平均时间，从紫色逐渐过渡到黄色的变化勾勒时间变化，紫色表示发文量集中在早期，黄色表示发文量集中在近期，过渡色调表示发文量在年份间分布较为平均。

表 2-8 在农业领域与中国海南省合作发文排名前十的巴基斯坦科研机构

序号	科研机构	机构简称	发文量（篇）	被引频次（次）
1	哈里普尔大学	Univ haripur	111	1 488
2	巴哈丁拉齐大学	Bahauddin zakariya univ	68	940
3	巴基斯坦农业大学	Univ agr peshawar	51	693
4	费萨拉巴德农业大学	Univ agr faisalabad	47	818
5	斯瓦比大学	Univ swabi	26	409
6	阿卜杜勒·瓦利汗大学	Abdul wali khan univ mardan	22	196
7	巴伊兰大学	Islamia univ bahawalpur	19	306
8	费萨拉巴德政府学院大学	Govt coll univ	17	379
9	拉合尔教育大学	Univ educ	16	195
10	沙特阿卜杜拉阿齐兹大学	King abdulaziz univ	12	184

在农业基础研究领域的国际合作方面,中国海南省与巴基斯坦共同发表论文313篇,利用VOSviewer 1.6.18.0对共同发表的文献进行作者关键词聚类分析,可以看出,合作主要从多个方向展开(图2-11)。从关键词的热力图可以看出,中国海南省在多个研究领域与巴基斯坦展开合作,其中高频词汇包括生物炭、非生物胁迫、小麦、粮食产量、光合作用、收益率、抗氧化剂、重金属、氮利用效率、抗氧化酶、增长、氮、食品安全、氧化应激、植物的生长等(图2-11)。生物炭作为一种可再生的肥料来源,近年来,人们对生物炭的开发与利用产生了很高的兴趣。在与巴基斯坦的国际合作与密切交流中,生物炭的开发与利用是其中一个研究热点[17]。另外,水旱轮作是中国、印度、巴基斯坦和其他人口众多的亚洲国家主要的种植制度[18]。小麦是主要的旱作作物之一,轮作以夏稻—冬麦、夏玉米—冬小麦、夏大豆—冬小麦等方式进行[19]。轮作是一种高效的种植方式,可以有

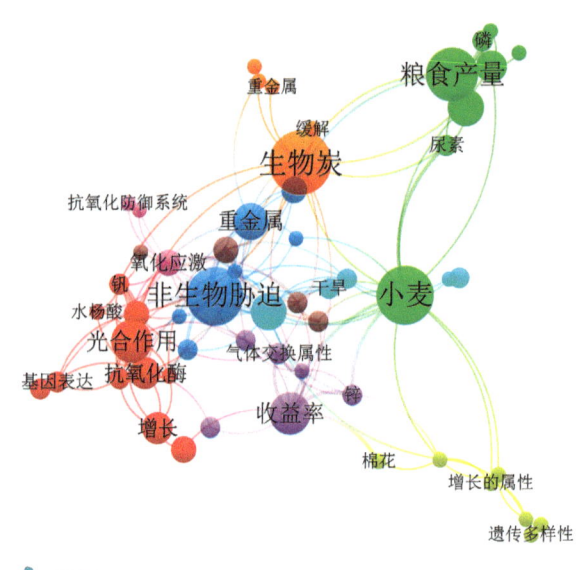

图2-11 中国海南省与巴基斯坦共同发表文献数据集的关键词聚类分析(作者关键词出现频次≥3次)

注:节点大小代表关键词出现频次的高低,出现频次越高,节点越大;连线代表共现强度,共现强度越高,连线越粗;颜色代表聚类。

效提高土地生产力和资源利用效率，同时可以缓解许多生态和环境问题，但其仍然存在一些负面影响[20]。因此，土壤质量和作物轮作的可持续性是长期关注的一个焦点问题。针对这些负面影响的研究是与巴基斯坦合作的另一个研究热点。例如，长期高负荷作物轮作造成土壤下层压实、土壤退化、土壤蓄水能力减弱等，进而影响到粮食产量与质量[21-22]，水稻、番茄、豌豆等粮食作物的光合作用和抗氧化机理等研究方向也是双方的研究焦点。Altaf Muhammad Mohsin 等研究了钒对水稻生长、光合、活性氧、抗氧化酶和细胞死亡的影响[23]。Naz Safina 等的研究结果表明，叶面施用水杨酸能改善抗氧化防御机制、促进豌豆生长、产量、品质和光合作用[24]。Mehmood Sajid 等从光合作用、抗氧化反应和基因表达谱的角度分析秸秆生物炭对水稻钒转化和吸收的影响[25]。

2.2.7 研究热点分析

利用 VOSviewer 1.6.18.0 软件进行数据集的作者关键词聚类热力分析，结果如图 2-12 所示。可以看出 2013—2022 年来海南省农业领域研究主要集中围绕重要热带作物如天然橡胶树、水稻、香蕉、木薯等作物的转录组和基因表达等展开相关研究，并逐步扩展到代谢组学、遗传多样性、植物生理生化、植物病害等多方面研究；针对系统发育分析、形态学、分类学等关键热词也可以看出物种分类与鉴定等工作的开展是海南省农业基础研究领域的另一个主要研究方向。

利用 VOSviewer 1.6.18.0 软件提取数据集的作者关键词字段，将作者关键词按照词频进行排序，将作者关键词出现频次≥5 次的信息提取出来，人工抽取出海南省农业基础研究领域的研究对象相关的作者关键词，绘制词云图，结果如图 2-13 所示。由结果可知，海南省农业领域出现频次≥5 次的研究对象对应关键词包括橡胶树、木薯、水稻、香蕉、油棕、红树林、玉米、杧果、番茄、沉香、棉花、小麦、大豆、胡椒、罗非鱼、椰子、荔枝、紫菜、甘蔗、烟草、油菜、龙血树、胶胞炭疽菌、镰刀菌等。其中橡胶树、木薯、水稻、香蕉、油棕的词频最为凸显，可以看出这 5 种热带作物是海南省农业领域的研究热点及研究重点。

利用 VOSviewer 1.6.18.0 软件分别提取数据集的作者关键词和标题关键

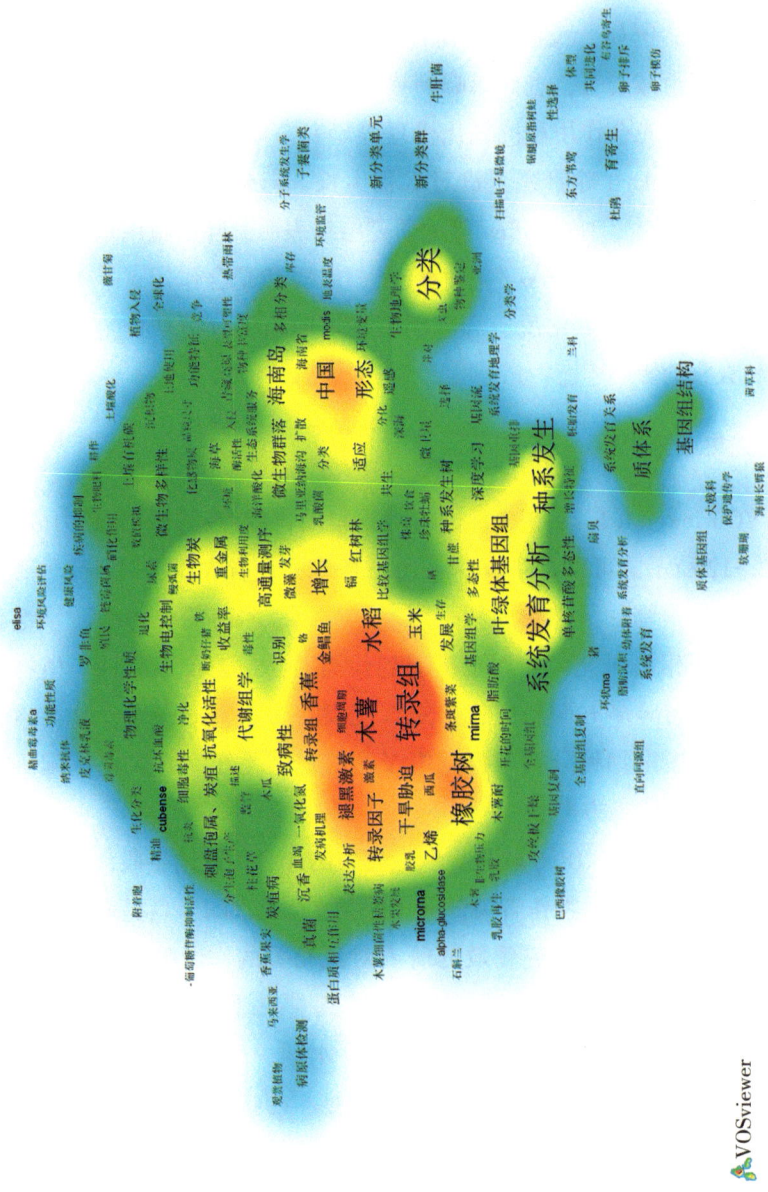

图2-12 作者关键词热力图分析（词频≥5次）

注：青景色代表关注度，依次由红色到青色递减，红底代表关注度高。

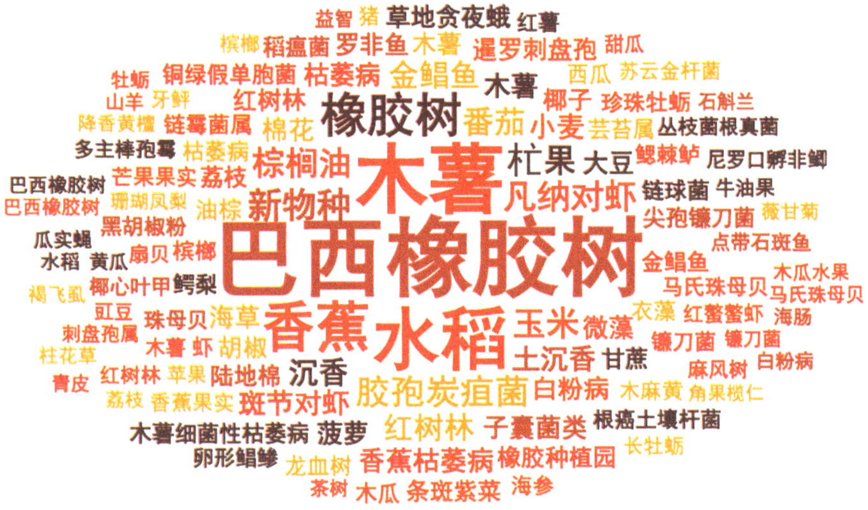

图 2-13 海南省农业基础研究领域研究对象相关的作者关键词词云图
(作者关键词出现频次≥5 次)

词，将关键词按照出现频次进行排序，将关键词出现频次≥5 次的信息提取出来，再进一步人工抽取出海南省农业基础研究领域的研究对象相关的作者关键词和标题关键词，最后根据海南省热带高效农业特色——粮食作物、冬季瓜果蔬菜、热带水果、热带作物、香料饮料、药用植物、渔业和畜牧业，进行人工筛选、判断与分类，最终获得海南省热带特色高效农业各模块的关键词词频信息。

2.2.7.1 粮食作物

海南常年平均气温能满足农作物周年正常生长，缩短育种周期，从而加快品种选育的进程。尤其是三亚的光照条件和得天独厚的地理自然环境使之成为以水稻、小麦、大豆、玉米为主的农作物的育种天堂，是我国农业科研人员的"种子基地"和"南繁基地"。中国农业科学院国家南繁研究院试验基地位于三亚市崖州区赤草村坡田洋，是我国水稻、大豆、玉米等作物南繁育种基地。2013—2022 年，围绕着粮食作物如水稻、大豆、玉米、小麦、棉花等展开的基础研究是海南省农业领域的一个重点。2013—2022 年 SCI-E 收录的粮食作物基础研究相关文献中，从作者关键词和标题中分别获得海南省粮食作物相关高频关键词，包含水稻、小麦、大豆、玉米（图2-14）。其中水稻在标题中抽取的关键词出现的频次高达180次，在作者关键词中出现频次为115次，出现频次在30次以上的高频关键词还有小麦、玉米。体现了海南省对水稻、小麦、大豆、玉米的基础研究的侧重（图2-14）。

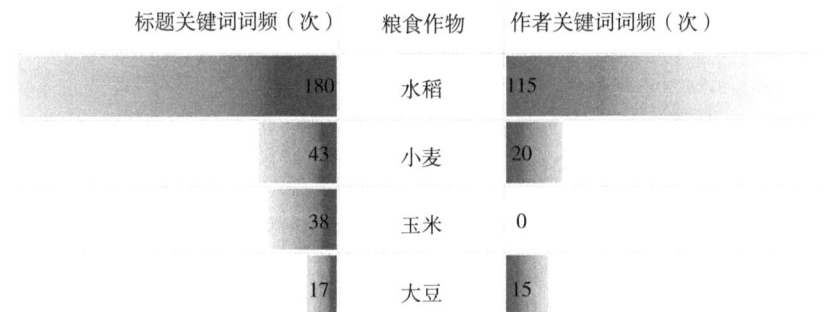

图2-14　海南省粮食作物高频关键词

海南省围绕水稻展开的基础研究中的高被引重点文献主要如表2-9所示。Gao He 等发表在 *Proceedings of the National Academy of Sciences of the United States of America* 的《抽穗前7天是决定水稻光周期敏感性和区域适应性的主要数量位点》文献，报道了水稻光周期敏感性和籽粒产量的主要遗传位点 DTH7 的鉴定和特性，研究结果不仅对水稻光周期敏感性的遗传调控提供了宏观的认识，而且为合理设计培育适应目标环境的水稻品种提供了依据[26]。作物遗传改良需要平衡由基因多效性和连锁阻力引起的复杂权衡，*IPA1*（理想植物结构1）就是一个典型的水稻多效基因，它可以增加每穗粒数，但减少分蘖数。Song Xiaoguang 等在 *Nature Biotechnology* 发表了题为《以基因调控元件为靶点，通过解耦穗数和穗长来提高水稻产量》的文章，该研究基于切片删除的 CRISPR-Cas9 筛选，在 *IPA1* 中发现了一个54个碱基对的顺式调控区域，当该区域被删除时，解决了每穗粒数和分蘖数之间的权衡，从而大大提高了单株产量[27]。Peng Meng 等在 *Nature Communications* 上发表了《糖基转移酶与水稻黄酮积累和紫外线耐受性相关性研究》，结果表明水稻黄酮的自然变异主要由 OsUGT706D1（黄酮7-O-葡萄糖基转移酶）和 OsUGT707A2（黄酮5-O-葡萄糖基转移酶）决定，它们的等位基因变异有助于提高水稻对 UV-B 的耐受性；该研究提供了黄酮生物合成的生化见解和遗传调控机制，并进一步表明，在育种计划中采用这些基因的阳性等位基因可能成为一种旨在生产耐胁迫植物的潜在策略[28]。Jin Zhaoqiang 等发表在 Food and Energy Securitys 的《稻麦轮作中秸秆还田对土壤有机碳的影响》，表明在稻麦轮作制度下，水稻秸秆还田 1 500~4 500 千克/公顷，小麦秸秆还田 2 250~6 750 千克/公顷，有助于提高土壤有机碳含量和土壤质量，促进高产[22]。

表 2-9 海南省水稻基础研究相关论文（被引频次≥50 次）

标题	作者	出版物	被引频次（次）	出版年份
Days to heading 7, a major quantitative locus determining photoperiod sensitivity and regional adaptation in rice	Gao He 等	Proceedings of the National Academy of Sciences of the United States of America	193	2014
Differentially evolved glucosyltransferases determine natural variation of rice flavone accumulation and UV-tolerance	Peng Meng 等	Nature Communications	159	2017
Effect of straw returning on soil organic carbon in rice-wheat rotation system: A review	Jin Zhaoqiang 等	Food and Energy Security	97	2020
Function and evolution of Magnaporthe oryzae avirulence gene AvrPib responding to the rice blast resistance gene Pib	Zhang Shulin 等	Scientific Reports	87	2015
SMALL GRAIN 11 controls grain size, grain number and grain yield in rice	Fang Na 等	Rice	74	2016
Targeting a gene regulatory element enhances rice grain yield by decoupling panicle number and size	Song Xiaoguang 等	Nature Biotechnology	58	2022
Ratoon rice technology: A green and resource-efficient way for rice production	Wang Weiqin 等	Advances in Agronomy	52	2020

海南省关于玉米基础研究高被引重点文献主要有 Wang Lin 等发表在 Nature Biotechnology 的《玉米和水稻发育叶片 C_4 和 C_3 光合作用的比较分析》，明确了 C_4 和 C_3 光合机制的差异，鉴定了可能调控光合作用的候选顺式调控元件和转录因子，以及 C_4 和 C_3 氮碳代谢的差异[29]。Wu Yongzhong 等发表在 Plant Biotechnology Journal 上的《为了玉米和其他异花授粉作物杂交制种，开发一种新型隐性核基因雄性不育系统》，该研究利用核雄性不

育，在玉米和其他异花授粉作物产生杂交种，从而开发了一种新的杂交平台[30]（表2-10）。

表2-10 海南省玉米基础研究相关论文（被引频次≥50次）

标题	作者	出版物	被引频次（次）	出版年份
Comparative analyses of C-4 and C-3 photosynthesis in developing leaves of maize and rice	Wang Lin 等	Nature Biotechnology	176	2014
Development of a novel recessive genetic male sterility system for hybrid seed production in maize and other cross-pollinating crops	Wu Yongzhong 等	Plant Biotechnology Journal	111	2016
Pineapple-banana rotation reduced the amount of Fusarium oxysporum more than maize-banana rotation mainly through modulating fungal communities	Wang Beibei 等	Soil Biology & Biochemistry	77	2015
Drought Stress Alleviation by ACC Deaminase producing Achromobacter xylosoxidans and Enterobacter cloacae, with and without timber waste biochar in maize	Danish Subhan 等	Sustainability	56	2020

海南省关于大豆基础研究领域高被引重点文献主要有Liang Cuiyue 等发表在 Plant Physiology 上的《低pH值、铝和磷通过 GmALMT1 协同调节苹果酸盐分泌，提高大豆对酸性土壤的适应性》。在酸性土壤中，低pH值、铝毒性和低磷毒性经常共存，且分布不均。迄今为止，作物在酸性土壤上适应这些多重因素的潜在机制仍然知之甚少。Liang Cuiyue 等的研究结果表明苹果酸盐分泌是大豆适应酸性土壤的重要组成部分，pH值、铝和磷3个因素通过调节大豆苹果酸转运蛋白基因 GmALMT1 表达与功能协调调节苹果酸盐分泌[31]（表2-11）。

表2-11 海南省大豆基础研究相关论文（被引频次≥50次）

标题	作者	出版物	被引频次（次）	出版年份
Low pH, aluminum, and phosphorus coordinately regulate malate exudation through GmALMT1 to improve soybean adaptation to acid soils	Liang Cuiyue 等	Plant Physiology	172	2013

(续表)

标题	作者	出版物	被引频次（次）	出版年份
Importing food damages domestic environment: Evidence from global soybean trade	Sun Jing 等	Proceedings of the National Academy of Sciences of the United States of America	96	2018
A single nucleotide deletion in J encoding GmELF3 confers long juvenility and is associated with adaption of tropic soybean	Yue Yanlei 等	Molecular Plant	68	2017

海南省关于小麦基础研究领域高被引重点文献主要集中在土壤改良与小麦产量相关性方面的研究（表 2-12）。Ding Zheli 等先后在 Scientific Reports、Journal of Environmental Management 和 Agricultural Water Management 上发表了盐碱、有机改良剂、磷肥和亏缺灌溉等对土壤性质和小麦产量的综合影响相关论文[32-34]。施用磷肥后很大一部分被方解石表面吸附，植物无法利用。Izhar Shafi Muhammad 等发表在 Agronomy-Basel 上的《在钙质土壤中施用单一过磷酸钙与腐植酸对小麦生长、产量和磷吸收有促进作用》，通过 2 年的田间试验，研究了磷肥和腐植酸在提高土壤磷素有效性方面的作用，以及它们对钙质土壤中小麦生长、产量和磷素吸收的最终影响[35]。磷酸盐转运蛋白 PHT1 家族介导植物对磷的吸收。Teng Wan 等发表在 Frontiers in Plant Science 的《小麦 PHT1 磷酸转运体的全基因组识别、鉴定和表达分析》，对小麦（Triticum aestivum）PHT1 基因进行了全基因组序列分析，并进一步研究了其表达位点及其对磷有效性的响应[36]。Cao Xueren 等发表在 Crop Protection 的《利用冠层高光谱反射率检测两个冬小麦品种的白粉病》，表明了冠层高光谱反射可用于小麦白粉病的检测[37]。

表 2-12　海南省小麦基础研究相关论文（被引频次≥50 次）

标题	作者	出版物	被引频次（次）	出版年份
The integrated effect of salinity, organic amendments, phosphorus fertilizers, and deficit irrigation on soil properties, phosphorus fractionation and wheat productivity	Ding Zheli 等	Scientific Reports	71	2020

(续表)

标题	作者	出版物	被引频次（次）	出版年份
A vermicompost and deep tillage system to improve saline-sodic soil quality and wheat productivity	Ding Zheli 等	Journal of Environmental Management	68	2021
Modeling the combined impacts of deficit irrigation, rising temperature and compost application on wheat yield and water productivity	Ding Zheli 等	Agricultural Water Management	65	2021
Application of single superphosphate with humic acid improves the growth, yield and phosphorus uptake of wheat (*Triticum aestivum* L.) in calcareous soil	Izhar Shafi Muhammad 等	Agronomy-Basel	61	2020
Genome-wid eidentification, characterization, and expression analysis of *PHT1* phosphate transporters in wheat	Teng Wan 等	Frontiers in Plant Science	51	2017
Detection of powdery mildew in two winter wheat cultivars using canopy hyperspectral reflectance	Cao Xueren 等	Crop Protection	51	2013

2.2.7.2 冬季瓜果蔬菜

通过关键词分析初步确定海南省冬季瓜果蔬菜的热点研究对象。2013—2022年SCI-E收录的海南省冬季瓜果蔬菜基础研究相关文献中，从作者关键词和文献标题中分别抽取冬季瓜果蔬菜相关高频关键词，包含番茄、黄瓜、西瓜、豇豆、油菜、木瓜、哈密瓜（图2-15）。其中番茄在标题中抽取的关键词和作者关键词出现的频次高达33次，出现频次20次以上的高频关键词还有油菜和木瓜。说明海南省对番茄、油菜和木瓜的基础研究的侧重。相比之下，黄瓜、西瓜、豇豆、哈密瓜出现频次较低，可见在黄瓜、西瓜、豇豆、哈密瓜等其他冬季瓜果蔬菜的基础研究上还有待加强（图2-15）。

海南省冬季瓜果蔬菜基础研究中高被引重点文献主要研究对象为番茄（表2-13）。Zhu Guangtao等发表在Cell上的《番茄育种中果实代谢组的重组》，生成并分析了一个包含数百个番茄基因型的基因组、转录组和代谢组的数据集，揭示了番茄代谢育种历史的多组学观点，并为代谢组辅助育种和植物生物学提供了新的见解[38]。脱水剂在植物适应非生物胁迫中发挥着

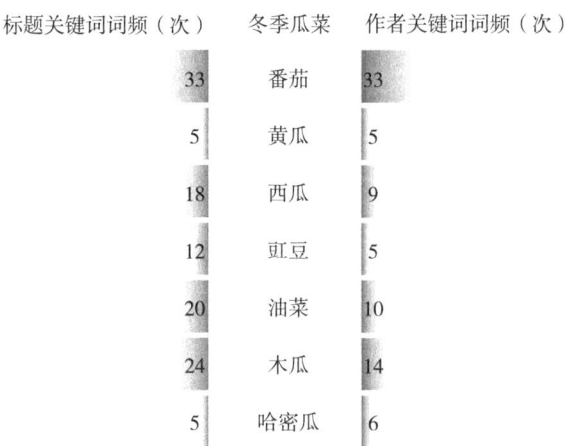

图 2-15　海南省冬季瓜果蔬菜基础研究相关高频关键词

重要作用。Liu Hui 等发表在 *Plant Science* 上的《番茄脱氢酶基因 *ShDHN* 的过表达增强了番茄对多种非生物胁迫的耐受性》，从野生番茄品种中分离到一个冷诱导的 sk3 型 *DHN* 基因（*ShDHN*），并对其在非生物胁迫耐受中的功能进行了验证；结果表明 *ShDHN* 在提高植物对非生物胁迫的适应性方面具有多效性，在番茄抗逆性的遗传改良中具有潜在的应用价值[39]。Munir Shoaib 等发表在 *Scientific Reports* 的《过表达钙调素样（*ShCML44*）应激响应基因提高了多毛番茄对多种非生物胁迫的耐受性》，从耐寒野生番茄（*Solanum habrochaites*）中分离到冷响应性钙调素样（*ShCML44*）基因，并对其进行了功能验证；结果表明 *ShCML44* 基因提高了番茄的非生物抗逆性[40]。Ali Muhammad 等发表在 *Journal of Plant Growth Regulation* 的《褪黑素通过改善渗透和氧化胁迫，诱导两种番茄幼苗品种的耐盐性》，揭示了褪黑激素在番茄（*Solanum lycopersicum*）中辅助缓解盐胁迫的作用机制[41]。Jahan Mohammad Shah 等发表在 *Frontiers in Plant Science* 的《褪黑素通过调节 ABA 和 GA 介导的途径，增强番茄耐热性和抑制热致衰老》，揭示了褪黑素与赤霉素和脱落酸在热诱导叶片衰老中的相互作用的分子机制[42]。

表 2-13　海南省冬季瓜果蔬菜基础研究相关论文（被引频次≥50 次）

研究对象	标题	作者	出版物	被引频次（次）	出版年份
番茄	Rewiring of the fruit metabolome in tomato breeding	Zhu Guangtao 等	Cell	456	2018
番茄	Overexpression of ShDHN, a dehydrin gene from Solanum habrochaites enhances tolerance to multiple abiotic stresses in tomato	Liu Hui 等	Plant Science	119	2015
番茄	Overexpression of calmodulin-like (ShCML44) stress-responsive gene from Solanum habrochaites enhances tolerance to multiple abiotic stresses	Munir Shoaib 等	Scientific Reports	85	2016
番茄	Melatonin-induced salinity tolerance by ameliorating osmotic and oxidative stress in the seedcultivars	Ali Muhammad 等	Journal of Plant Growth Regulation	78	2021
番茄	Melatoni npretreatment confers heat tolerance and repression of heat-induced senescence in tomato through the modulation of ABA- and GA-mediated pathways	Jahan Mohammad Shah 等	Frontiers in Plant Science	70	2021
木瓜	Effect of low temperatures on chilling injury in relation to energy status in papaya fruit during storage	Pan Yonggui 等	Postharvest Biology and Technology	65	2017
油菜	Silicon-induced postponement of leaf senescence is accompanied by modulation of antioxidative defense and ion homeostasis in mustard (Brassica juncea) seedlings exposed to salinity and drought stress	Alamri Saud 等	Plant Physiology and Biochemistry	56	2020
西瓜	Glycinebetaine biosynthesis in response to osmotic stress depends on jasmonate signaling in watermelon suspension cells	Xu Zijian 等	Frontiers in Plant Science	51	2018

2.2.7.3　热带水果

通过关键词分析初步确定海南省热带水果的热点研究对象。2013—2022 年 SCI-E 收录的海南省热带水果基础研究相关文献中，从作者关键词和标题中分别识别热带水果相关高频关键词，相关的高频词汇包含香蕉、杧果、菠萝、荔枝、椰子、鳄梨、火龙果（图 2-16）。其中香蕉在标题中抽取的关键词出现的频次高达 132 次，在作者关键词中出现频次为 73 次，出现频次 50 次以上的高频关键词还有杧果、荔枝、椰子。说明海南省对香蕉、杧果、荔枝、椰子的基础研究的侧重。相比之下，菠萝、鳄梨和火龙果出现频次较低，可见在菠萝、鳄梨和火龙果等其他热带水果的基础研究上还有待加强（图 2-16）。

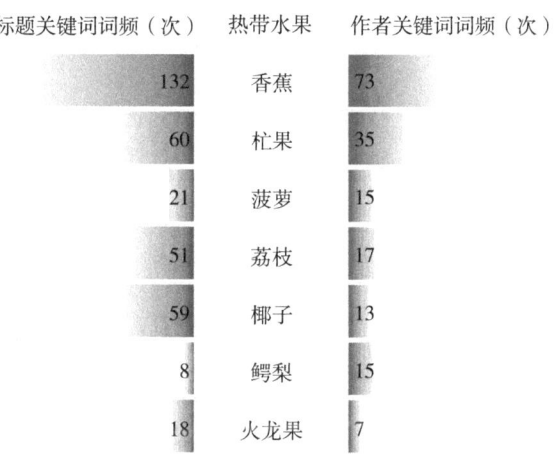

图 2-16　海南省热带水果基础研究相关高频关键词

海南省香蕉基础研究领域高被引重点文献主要集中在香蕉的病虫害防治（表 2-14），在世界范围内，香蕉生产受到枯萎病（Fusarium wilt）的严重阻碍，这是一种由土传真菌 *Fusarium oxysporum* f. sp. cubense（Foc）引起的毁灭性疾病。Fu Lin 等在 *Soil Biology & Biochemistry* 发表了《施用生物肥料诱导根际微生物群抑制香蕉枯萎病》[43]。Shen Zongzhuan 等分别在 *Biology and Fertility of Soils* 和 *European Journal of Soil Biology* 上发表了《连续施用 2 年生物肥料对香蕉根际微生物群落的影响及其对枯萎病的抑制作用》[44] 和《利用堆肥和生物肥料诱导土壤微生物抑制香蕉枯萎病，提高产量和品质》[45]。Wang Beibei 等在 *Biology and Fertility of Soils* 上发表《解淀粉芽孢杆菌 W19 新型生物有机肥对香蕉枯萎病拮抗作用的研究》[46]。Xue Chao 等在 *Scientific Reports* 上发表《通过调控香蕉根际微生物群，从而达到对巴拿马病害的生物防治》[47]。为了解引起香蕉枯萎病的镰刀菌（*Fusarium oxysporum* f. sp. cubense，Foc）致病性的分子基础，Guo Lijia 等发表在 *PLoS One* 的《香蕉枯萎病病原菌尖孢镰刀菌基因组和转录组分析》，对两个镰刀菌分离株的基因组和转录组进行了测序;两个镰刀菌分离株之间基因含量和转录反应的差异可能解释了它们在香蕉品种感染期间毒力的变化[48]。基因组序列研究将有助于确定香蕉枯萎病发生的致病机制,这将有助于开发出有效的香蕉枯萎病防治方法,提高香蕉的抗病性。

表 2-14 海南省香蕉病害基础研究相关论文(被引频次≥50次)

标题	作者	出版物	被引频次（次）	出版年份
Inducing the rhizosphere microbiome by biofertilizer application to suppress banana Fusarium wilt disease	Fu Lin 等	Soil Biology & Biochemistry	193	2017
Rhizosphere microbial community manipulated by 2 years of consecutive biofertilizer application associated with banana Fusarium wilt disease suppression	Shen Zong-zhuan 等	Biology and Fertility of Soils	150	2015
Induced soil microbial suppression of banana Fusarium wilt disease using compost and biofertilizers to improve yield and quality	Shen Zong-zhuan 等	European Journal of Soil Biology	136	2013
Effects of novel bioorganic fertilizer produced by *Bacillus amyloliquefaciens* W19 on antagonism of Fusarium wilt of banana	Wang Beibei 等	Biology and Fertility of Soils	127	2013
Manipulating the banana rhizosphere microbiome for biological control of Panama disease	Xue Chao 等	Scientific Reports	107	2015
Genome and transcriptome analysis of the fungal pathogen *Fusarium oxysporum* f. sp cubense causing banana vascular wilt disease	Guo Lijia 等	PLoS One	102	2014
Plantgrowth-promoting rhizobacteria strain *Bacillus amyloliquefaciens* NJN-6-enriched bio-organic Fertilizer suppressed Fusarium wilt and promoted the growth of banana plants	Yuan Jun 等	Journal of Agricultural and Food Chemistry	99	2013
Soils naturally suppressive to banana Fusarium wilt disease harbor unique bacterial communities	Shen Zong-zhuan 等	Plant and Soil	92	2015
Banana Fusarium wilt disease incidence is influenced by shifts of soil microbial communities under different monoculture spans	Shen Zong-zhuan 等	Microbial Ecology	92	2018
Deep 16S rRNA pyrosequencing reveals a bacterial community associated with banana fusarium wilt disease suppression induced by bio-organic fertilizer application	Shen Zong-zhuan 等	PLoS One	87	2014

（续表）

标题	作者	出版物	被引频次（次）	出版年份
Effect of biofertilizer for suppressing Fusarium wilt disease of banana as well as enhancing microbial and chemical properties of soil under greenhouse trial	Shen Zongzhuan 等	Applied Soil Ecology	72	2015
Growth promotion and disease suppression ability of a Streptomyces sp CB-75 from banana rhizosphere soil	Chen Yufeng 等	Frontiers in Microbiology	61	2018
Deciphering microbial diversity associated with Fusarium wilt-diseased and disease-free banana rhizosphere soil	Zhou Dengbo 等	BMC Microbiology	58	2019
Suppression of banana Panama disease induced by soil microbiome reconstruction through an integrated agricultural strategy	Shen Zongzhuan 等	Soil Biology & Biochemistry	57	2019

海南省香蕉基础研究领域高被引重点文献主要有 Wang Lianzhe 等发表在 Scientific Reports 上的"香蕉 MAPKKK 和 MAPKK 基因家族的鉴定、系统发育及其在发育、成熟和非生物胁迫中的表达"，鉴定出 10 个 MAPKK 基因和 77 个 MAPKKK 基因；该研究的发现促进了对 MAPKKK-MAPKK 基因复杂转录调控的理解，并为香蕉进一步的遗传改良提供了强有力的候选基因[49]。Xu Yi 等发表在 BMC Plant Biology 上的"香蕉水通道蛋白基因 MaPIP1 参与香蕉对干旱和盐胁迫的耐受性"，表明了 MaPIP1 增加了耐盐性；此外，MaPIP1 提高了抗旱性，MaPIP1 通过减少膜损伤、改善离子分布和维持渗透平衡来获得盐和干旱胁迫的耐受性[50]。Hu Wei 等发表在 Journal of Agricultural and Food Chemistrys 的"香蕉品种的自然变异突出了褪黑素在采后成熟和品质中的作用"，强调褪黑激素是香蕉果实成熟的指示因子，褪黑激素抑制乙烯生物合成和采后成熟可用于采后果实成熟和品质的生物控制[51]。Hu Wei 等发表在 Frontiers in Plant Science 的"香蕉生长素反应因子基因家族：发育、成熟和非生物胁迫过程中的全基因组鉴定和表达分析"，根据香蕉的基因组序列，鉴定出 47 个 ARF 基因，系统分析进一步鉴定了 MaARF 强大的组织特异性、发育依赖性和非生物应激反应性[52]。这些发现可能为香蕉品种的遗传改良提供潜在的应用（表 2-15）。

表 2-15 海南省香蕉基础研究相关论文（被引频次≥50 次）

标题	作者	出版物	被引频次（次）	出版年份
The MAPKKK and MAPKK gene families in banana: Identification, phylogeny and expression during development, ripening and abiotic stress	Wang Lianzhe 等	Scientific Reports	141	2017
A banana aquaporin gene, *MaPIP1;1*, is involved in tolerance to drought and salt stresses	Xu Yi 等	BMC Plant Biology	124	2014
Natural variation in banana varieties highlights the role of melatonin in post-harvest ripening and quality	Hu Wei 等	Journal of Agricultural and Food chemistry	108	2017
The auxin response factor gene family in banana: Genome-wide identification and expression analyses during development, ripening, and abiotic stress	Hu Wei 等	Frontiers in Plant Science	84	2015
Musa balbisiana genome reveals subgenome evolution and functional divergence	Wang Zhuo 等	Nature Plants	83	2019
Analysis of banana transcriptome and global gene expression profiles in banana roots in response to infection by race 1 and tropical race 4 of *Fusarium oxysporum* f. sp cubense	Li Chunqiang 等	BMC Genomics	79	2013
Genome-wide analyses of the bZIP family reveal their involvement in the development, ripening and abiotic stress response in banana	Hu Wei 等	Scientific Reports	53	2016
Genome-wide analyses of SWEET family proteins reveal involvement in fruit development and abiotic/biotic stress responses in banana	Miao Hongxia 等	Scientific Reports	53	2017

海南省杧果基础研究中高被引重点文献主要集中在杧果的病虫害防治（表 2-16），其中有 Hu Meijiao 等发表在 *Postharvest Biology and Technology* 的《一氧化氮处理降低杧果果实采后炭疽病和增强其抗病性》，探讨了外源 NO 对杧果炭疽病菌的影响及其可能机制，发现除了抗真菌效果外，NO 处理还延缓了果肉软化、变黄等；这些结果表明，NO 处理的杧果对炭疽病的抗性可能归因于防御反应的激活和成熟的延迟[53]。Zhang Zhengke 等发表在 *Scientia Horticulturae* 上的《氨基丁酸诱导杧果果实对采后炭疽菌的抗性，增

强果实防御机制的活性》,研究了氨基丁酸(BABA)对杧果炭疽病的防治效果及其可能的机理,结果表明,BABA 处理后杧果果实在贮藏过程中抗病性的增强可能是由于防御反应的激发,包括防御相关酶活性的增强和抗氧化系统活性的调节[54]。Xu Xiangbin 等发表在 *International Journal of Food Microbiology* 的《1-甲基环丙烯(1-MCP)对杧果采后炭疽病的抑菌活性及其可能的作用机制》,这首次证实了 1-MCP 通过直接抑制炭疽菌孢子萌发和菌丝生长来抑制杧果采后果实的炭疽病,为病害防治提供策略[55]。

表 2-16 海南省杧果基础研究相关论文(被引频次≥50 次)

标题	作者	出版物	被引频次（次）	出版年份
Delay of ripening and softening in 'Guifei' mango fruit by postharvest application of melatonin	Liu Shuaimin 等	*Postharvest Biology and Technology*	96	2020
Reduction of postharvest anthracnose and enhancement of disease resistance in ripening mango fruit by nitric oxide treatment	Hu Meijiao 等	*Postharvest Biology and Technology*	95	2014
The genome evolution and domestication of tropical fruit mango	Wang Peng 等	*Genome Biology*	71	2020
beta-Aminobutyric acid induces resistance of mango fruit to postharvest anthracnose caused by *Colletotrichum gloeosporioides* and enhances activity of fruit defense mechanisms	Zhang Zhengke 等	*Scientia Horticulturae*	63	2013
Antifungal activity of 1-methylcyclopropene (1-MCP) against anthracnose (*Colletotrichum gloeosporioides*) in postharvest mango fruit and its possible mechanisms of action	Xu Xiangbin 等	*International Journal of Food Microbiology*	50	2017

海南省荔枝、菠萝、菠萝蜜、椰子、百香果等热带水果基础研究领域高被引重点文献如表 2-17 所示。Zhang Yanjun 等发表在 *Food Hydrocolloids* 的《5 种不同菠萝蜜品种高纯度淀粉的特性研究》,对 5 个菠萝蜜品种(M1、M5、M6、M11 和 BD)分离的淀粉进行了微观结构和理化性质的研究[56]。Xiao Yong 等发表在 *Gigascience* 的《椰子(*Cocos nucifera*)基因组图谱》,是一个重要的基因组资源,可以用来促进椰子的分子育种,加快这一

重要作物的育种进程[57]。

褪黑素是生物体内重要的信号和抗氧化分子,具有多种生理功能。为探讨外源褪黑素对荔枝果实采后褐变的影响及其可能的机制,Zhang Yueying 等在 *Journal of Agricultural and Food Chemistry* 上发表了《褪黑素通过增强抗氧化过程和氧化修复延缓荔枝果实采后褐变》,研究表明,褪黑素延缓荔枝果皮褐变和衰老的作用可能与通过提高抗氧化能力和调节氧化损伤蛋白的修复来维持氧化还原稳态有关[58]。Wang Tian 等在 *Postharvest Biology and Technology* 上发表了《褪黑素通过调节荔枝果实膜脂和能量代谢来缓解荔枝果皮褐变》[59]。

连作香蕉导致土壤中尖孢镰刀菌(*Fusarium oxysporum* f. sp. cubense race 4, FOC)富集,导致土传病害枯萎病(Fusarium wilt)的发生。轮作是防治各种土传病害的有效方法。针对这方面的相关高被引论文为 Wang Beibei 等发表在 *Soil Biology & Biochemistry* 的《菠萝—香蕉轮作比玉米—香蕉轮作更能减少尖孢镰刀菌的数量,主要是通过调节真菌群落来实现的》[60]。

表 2-17 海南省荔枝、菠萝、菠萝蜜、椰子、百香果研究相关高被引论文(被引频次≥50 次)

研究对象	标题	作者	出版物	被引频次(次)	出版年份
荔枝	Delay of postharvest browning in litchi fruit by melatonin via the enhancing of antioxidative processes and oxidation repair	Zhang Yueying 等	*Journal of Agricultural and Food Chemistry*	150	2018
荔枝	Melatonin alleviates pericarp browning in litchi fruit by regulating membrane lipid and energy metabolisms	Wang Tian 等	*Postharvest Biology and Technology*	85	2020
菠萝	Pineapple - banana rotation reduced the amount of *Fusarium oxysporum* more than maize - banana rotation mainly through modulating fungal communities	Wang Beibei 等	*Soil Biology & Biochemistry*	77	2015
菠萝蜜	Characterizations of high purity starches isolated from five different jackfruit cultivars	Zhang Yanjun 等	*Food Hydrocolloids*	75	2016
百香果	Passion fruit detection and counting based on multiple scale faster R-CNN using RGB-D images	Tu Shuqin 等	*Precision Agriculture*	56	2020

(续表)

研究对象	标题	作者	出版物	被引频次（次）	出版年份
椰子	The genome draft of coconut (Cocos nucifera)	Xiao Yong 等	Gigascience	52	2017
菠萝蜜	Jackfruit starch: Composition, structure, functional properties, modifications and applications	Zhang Yutong 等	Trends in Food Science & Technology	52	2021
椰子	RNA-Seq analysis of Cocos nucifera: Transcriptome sequencing and de novo for subsequent functional genomics approaches	Fan Haikuo 等	PLoS One	51	2013
菠萝蜜	Structural characterization of starches from Chinese jackfruit seeds (Artocarpus heterophyllus Lam)	Zhang Yanjun 等	Food Hydrocolloids	50	2018

2.2.7.4 热带作物

通过关键词分析初步确定海南省热带作物的热点研究对象。2013—2022年SCI-E收录的海南省热带作物基础研究相关文献中，从作者关键词和标题中分别提取的热带作物相关高频关键词，包含天然橡胶、木薯、甘蔗、槟榔、油棕等（图2-17）。其中天然橡胶在标题中抽取的关键词出现的频次高达253次，在作者关键词中出现频次为189次，出现频次在150次以上的高频关键词还有木薯，说明海南省对天然橡胶和木薯的基础研究的侧重。相比之下，油棕、甘蔗和槟榔出现频次较低，可见油棕、甘蔗和槟榔这三大经济作物的基础研究还有待加强（图2-17）。

海南省橡胶基础研究中高被引重点文献（表2-18）主要有Tang Chaorong等发表在 Nature Plants 上的《橡胶树基因组揭示了橡胶生产和物种适应的新见解》，展示了该物种的高质量基因组组装（1.37 Gb，支架 N50 = 1.28 Mb），覆盖了93.8%的基因组（1.47 Gb），包含43 792个预测的蛋白质编码基因；该研究包括对其他5个橡胶树品种的重测序和RNA-seq数据，为培育优良橡胶树品种提供了宝贵的功能基因组学资源和工具[61]。AP2/ERF转录因子，尤其是乙烯响应因子，在植物发育和对生物和非生物胁迫的响应中起着至关重要的作用。Duan Cuifang等发表在 BMC Genomics 的《巴西橡胶树AP2/ERF超家族的RNA测序鉴定》，利用新一代测

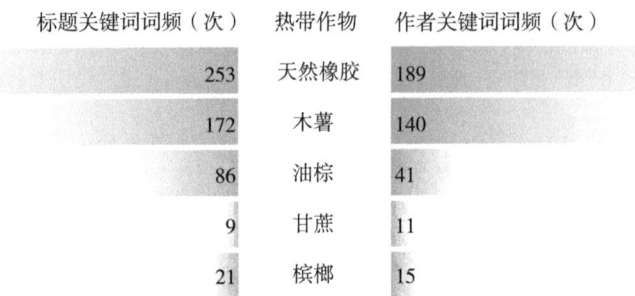

图 2-17　海南省热带经济作物基础研究相关高频关键词

序技术对橡胶树 AP2/ERF 超家族在不同组织中的表达进行了测序；橡胶树 AP2/ERF 转录本的分析为研究橡胶树在非生物胁迫和胶乳细胞分化过程中产生胶乳的分子调控提供了基础[62]。在橡胶树人工林方面，研究人员缺乏对土壤微生物群落的基本了解。Zhou Yujie 等发表在 *Frontiers in Plant Science* 上的《橡胶树（*Hevea brasiliensis*）人工林土壤细菌群落的时序变化》，采用 16S rRNA 基因高通量测序方法，对 5 年、10 年、13 年、18 年、25 年和 30 年橡胶树人工林土壤细菌群落的多样性和组成进行了研究。结果表明：橡胶林土壤细菌多样性和组成随演替阶段的变化而变化；不同阶段土壤细菌多样性和组成与 pH 值、植被、土壤养分和海拔高度密切相关，其中 pH 值和植被是主要驱动因素[63]。

表 2-18　海南省天然橡胶基础研究相关论文（被引频次 ≥ 50 次）

标题	作者	出版物	被引频次（次）	出版年份
The rubber tree genome reveals new insights into rubber production and species adaptation	Tang Chaorong 等	*Nature Plants*	221	2016
Digital mapping of soil organic matter for rubber plantation at regional scale: An application of random forest plus residuals kriging approach	Guo Pengtao 等	*Geoderma*	150	2015
Variation of soil bacterial communities in a chronosequence of rubber tree (*Hevea brasiliensis*) plantations	Zhou Yujie 等	*Frontiers in Plant Science*	76	2017

(续表)

标题	作者	出版物	被引频次（次）	出版年份
Mapping tropical forests and deciduous rubber plantations in Hainan Island, China by integrating PALSAR 25-m and multi-temporal Landsat images	Chen Bangqian 等	International Journal of Applied Earth Observation and Geoinformation	72	2016
Identification of the Hevea brasiliensis AP2/ERF superfamily by RNA sequencing	Duan Cuifang 等	BMC Genomics	64	2013
Structure and expression profile of the sucrose synthase gene family in the rubber tree: Indicative of roles in stress response and sucrose utilization in the laticifers	Xiao Xiaohu 等	FEBS Journal	54	2014
The hardy rubber tree genome provides insights into the evolution of polyisoprene biosynthesis	Wuyun Tana 等	Molecular Plant	52	2018
Isolation and characterization of phosphate-solubilizing bacteria from betel nut (Areca catechu) and their effects on plant growth and phosphorus mobilization in tropical soils	Liu Fuping 等	Biology and Fertility of Soils	65	2014

海南省木薯基础研究领域高被引重点文献主要如表2-19所示。木薯是最耐旱的作物之一，然而，其在干旱下生存和生产能力的潜在机制仍然不清楚。Zhao Pingjuan 等发表在 Journal of Experimental Botany 上的《两种木薯品种应对干旱胁迫的不同策略分析：确保生存还是继续生长》，以两个木薯品种 SC124 和 Arg7 为研究对象，采用逐渐降低土壤含水量的处理方法，研究它们对干旱胁迫的响应[64]。Li Shuxia 等发表在 Scientific Reports 上的《木薯寒冷和/或干旱响应 lncRNA 的全基因组鉴定和功能预测》，系统筛选非生物胁迫下的 lncRNA 并分析其在木薯中的调控作用；该研究表明许多 lncRNA 与激素信号转导、次生代谢物生物合成和蔗糖代谢途径相关，为揭示 lncRNA 在木薯中的功能提供了思路[65]。Wang Wenquan 等发表在 Nature Communications 的《木薯基因组从野生祖先到栽培品种》，提出了野生祖先和驯化品种木薯的基因组序列草图，并与部分近交系进行了比较分析；结果表明，在栽培品种中，参与光合作用、淀粉积累和非生物胁迫的基因是正向选择的，而参与细胞壁生物合成和次生代谢的基因是负向选择的，反映了自然选择和驯化的结果[66]。Hu Wei 等发表在 Scientific Reports 的《木薯

非生物胁迫相关 bZIP 转录因子家族的全基因组特征与分析》，通过对 *MebZIP* 基因的系统分析，揭示了 *MebZIP* 基因的组成性、组织特异性和非生物胁迫应答性，为进一步研究 *MebZIP* 基因在植物中的功能特性提供了新的见解，为了解 *MebZIP* 基因介导的非生物胁迫应答奠定了基础[64]。这些结果可能有助于通过更好地了解木薯的生物学，对其进行遗传改良。

表 2-19　海南省木薯基础研究相关论文（被引频次≥50 次）

标题	作者	出版物	被引频次（次）	出版年份
Genome-wide identification and functional prediction of cold and/or drought-responsive lncRNAs in cassava	Li Shuxia 等	Scientific Reports	94	2017
Cassava genome from a wild ancestor to cultivated varieties	Wang Wenquan 等	Nature Communications	91	2014
Analysis of different strategies adapted by two cassava cultivars in response to drought stress: Ensuring survival or continuing growth	Zhao, Pingjuan 等	Journal of Experimental Botany	84	2015
Genome-wide characterization and analysis of bZIP transcription factor gene family related to abiotic stress in cassava	Hu Wei 等	Scientific Reports	83	2016
Genome-wide identification and expression analysis of the WRKY gene family in cassava	Wei Yunxie 等	Frontiers in Plant Science	75	2016
Physiological investigation and transcriptome analysis of polyethylene glycol (PEG)-induced dehydration stress in cassava	Fu Lili 等	International Journal of Molecular Sciences	70	2016
Effect of gum arabic on freeze-thaw stability, pasting and rheological properties of tapioca starch and its derivatives	Chen Haiming 等	Food Hydrocolloids	66	2015
Effects of metal ions and pH on ofloxacin sorption to cassava residue-derived biochar	Huang Peng 等	Science of the Total Environment	65	2018
Comparative physiological and transcriptomic analyses reveal the actions of melatonin in the delay of postharvest physiological deterioration of cassava	Hu Wei 等	Frontiers in Plant Science	64	2016

（续表）

标题	作者	出版物	被引频次（次）	出版年份
Genome-wide identification and expression analysis of the NAC transcription factor family in cassava	Hu Wei 等	PLoS One	59	2015
Genome-wide gene phylogeny of CIPK family in cassava and expression analysis of partial drought-induced genes	Hu Wei 等	Frontiers in Plant Science	53	2015

2.2.7.5 香料饮料

通过关键词分析初步确定海南省香料饮料和药用植物的热点研究对象。2013—2022 年 SCI-E 收录的海南省香料饮料和药用植物基础研究相关文献中，从作者关键词和标题中分别抽取香料饮料和药用植物相关高频关键词，香料饮料相关的高频关键词为咖啡、茶树、胡椒等（图2-18）。其中，出现频次 20 次以上的高频关键词为胡椒，说明海南省对胡椒的基础研究的侧重。药用植物相关的高频词汇为沉香、降香、龙血树、木麻黄（图2-18）。其中，出现频次 20 次以上的高频关键词为沉香，说明海南省对沉香的基础研究的侧重。

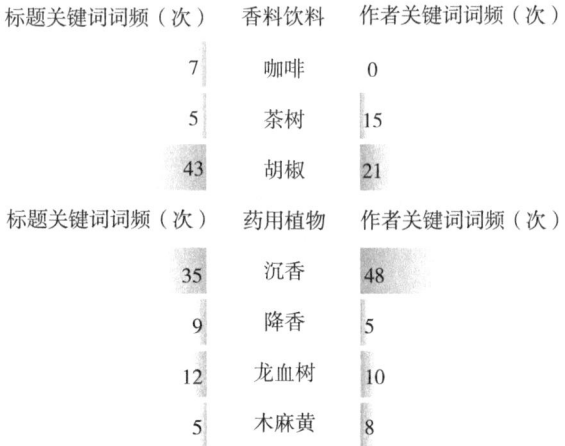

图 2-18 海南省香料饮料和药用植物基础研究相关高频关键词

海南省饮料基础研究领域高被引重点文献（表2-20）主要有 Zhao

Qingyun 等发表在 *Scientific Reports* 上的《长期咖啡单一栽培改变土壤化学性质和微生物群落》，研究结果表明，长期单一栽培降低了土壤 pH 值和有机质含量，连续种植咖啡导致土壤细菌和真菌丰富度下降，最终导致盆内咖啡植株生长不良，田间咖啡产量下降[67]。因此，发展可持续农业，提高土壤 pH 值、有机质含量、微生物活性，减少连作制度下的盐胁迫，对中国咖啡生产具有重要意义。Dong Wenjiang 等发表在 *Molecules* 的《海南 7 个咖啡品种脂肪酸、氨基酸、挥发性化合物及生物活性成分的研究》，对海南 7 个品种咖啡豆的脂肪酸、氨基酸和挥发性化合物的组成进行了详细的测定分析[68]。

表 2-20 海南省香料饮料基础研究相关论文（被引频次 ≥ 50 次）

标题	作者	出版物名称	被引频次（次）	出版年份
The effect of long-term continuous cropping of black pepper on soil bacterial communities as determined by 454 pyrosequencing	Xiong Wu 等	*PLoS One*	103	2015
Long-term coffee monoculture alters soil chemical properties and microbial communities	Zhao Qingyun 等	*Scientific Reports*	85	2018
Modeling the distribution of *Zanthoxylum armatum* in China with MaxEnt modeling	Xu Danping 等	*Global Ecology and Conservation*	78	2019
The chromosome-scale reference genome of black pepper provides insight into piperine biosynthesis	Hu Lisong 等	*Nature Communications*	76	2019
Antibacterial mechanism and activities of black pepper chloroform extract	Zou Lan 等	*Journal of Food Science and Technology-Mysore*	56	2015
Characterization of fatty acid, amino acid and volatile compound compositions and bioactive components of seven coffee (*Coffea robusta*) cultivars grown in Hainan Province, China	Dong Wenjiang 等	*Molecules*	54	2015

海南省香料基础研究领域高被引重点文献主要有 Xiong Wu 等发表在 *PLoS One* 上的《454 焦磷酸测序法测定黑胡椒长期连作对土壤细菌群落的影响》，表明长期连作导致土壤 pH 值、有机质含量、酶活性显著下降，土壤细菌丰度下降[69]。Hu Lisong 等发表在 *Nature Communications* 的《黑胡椒的

染色体参考基因组为胡椒碱的生物合成提供了新的思路》，表明比较转录组学数据提供了一个进化的视角，阐明了与物种特异性相关的胡椒碱生物合成的分子基础和代谢过程[70]。据报道，黑胡椒提取物可以抑制食物腐败和食物致病菌。Zou Lan 等在 Journal of Food Science and Technology-Mysore 的《黑胡椒氯仿提取物抑菌机理及抑菌活性研究》，通过对目的菌的细胞形态、呼吸代谢、丙酮酸含量和 ATP 水平的分析，阐明黑胡椒氯仿提取物的抗菌机制，该提取物显著提高了细菌溶液中的丙酮酸浓度，降低了细菌细胞中的 ATP 水平，破坏细胞膜的通透性，导致代谢功能障碍，抑制能量合成，引发细胞死亡[71]。

海南省药用植物基础研究领域高被引重点文献（表 2-21）主要有 Liu Yangyang 等发表在 Molecules 上的《全树沉香诱导技术：一种生产优质沉香的高效新技术》，评估了一种在栽培沉香树中生产沉香的新技术，称为全树沉香诱导技术（Agar-Wit）；利用这种方法诱导栽培沉香，既能满足对沉香的大量需求，又能保存和保护残存的野生沉香树[72]。为了确定沉香形成的主要基因，Xu Yanhong 等发表在 BMC Genomics 的《沉香形成相关基因的鉴定：沉香健康和损伤组织的转录组分析》，分别对健康沉香和受伤沉香的 2 个 cDNA 文库进行了测序，并在生物信息学水平上对其进行了详细注释；该研究为沉香提供了广泛的转录组信息，为阐明沉香创伤诱导的倍半萜生物合成及其调控机制提供了有价值的线索[73]。Wang Shuai 等发表在 Molecules 的《沉香和沉香属植物的化学成分及药理活性》，梳理了沉香和沉香属植物的药理研究进展[74]。Chen Zhijian 等发表在 Plant Physiology 的《苹果酸脱氢酶介导的苹果酸合成和分泌赋予柱花草优异的锰耐受性》，初步阐明柱花草耐锰性分子机制[75]。Li Chonghui 等发表在 Plant Physiology and Biochemistry 的《石斛杂交花瓣中 DhMYB2 和 DhbHLH1 花青素生物合成调控》，表明 DhMYB2 与 DhbHLH1 相互作用，调节石斛杂交花瓣花青素的产生；DhMYB2 和 DhbHLH1 的功能鉴定将有助于加深对石斛花青素生物合成调控的认识[76]。

表 2-21 海南省药用植物基础研究相关论文（被引频次≥50 次）

标题	作者	出版物	被引频次（次）	出版年份
Whole-tree agarwood-inducing technique: An efficient novel technique for producing high-quality agarwood in cultivated *Aquilaria sinensis* trees	Liu Yangyang 等	*Molecules*	134	2013
Identification of genes related to agarwood formation: Transcriptome analysis of healthy and wounded tissues of *Aquilaria sinensis*	Xu Yanhong 等	*BMC Genomics*	93	2013
Malate synthesis and secretion mediated by a manganese-enhanced malate dehydrogenase confers superior manganese tolerance in *Stylosanthes guianensis*	Chen Zhijian 等	*Plant Physiology*	74	2015
Chemical constituents and pharmacological activity of agarwood and aquilaria plants	Wang Shuai 等	*Molecules*	58	2018
Complete chloroplast genome sequence of *Aquilaria sinensis* (Lour.) gilg and evolution analysis within the malvales order	Wang Ying 等	*Frontiers in Plant Science*	51	2016
Anthocyanin biosynthesis regulation of *DhMYB2* and *DhbHLH1* in Dendrobium hybrids petals	Li Chonghui 等	*Plant Physiology and Biochemistry*	50	2017

2.2.7.6 渔业和畜牧业

通过关键词分析初步确定海南省热带渔业的热点研究对象。2013—2022年 SCI-E 收录的海南省渔业基础研究相关文献中，从作者关键词和标题中分别抽取海洋与淡水资源相关高频关键词，包含金鲳鱼、罗非鱼、石斑鱼、卵形鲳鲹、牙鲆、白对虾、斑节对虾、红螯螯虾、牡蛎、马氏珍珠贝、栉孔扇贝、海参、紫菜、海草等（图 2-19）。其中出现频次 20 次以上的高频关键词有金鲳鱼、罗非鱼、卵形鲳鲹、白对虾、斑节对虾、牡蛎、马氏珍珠贝。说明海南省渔业基础研究重心主要集中在这几大类产品中。特色畜禽相关的高频关键词为猪、羊、鸡（图 2-19）。其中，出现频次 20 次以上的高频关键词为猪、羊，说明海南省对猪、羊的基础研究的侧重。

海南省水产类和海洋类基础科研涉及多方面。例如，热带海洋渔业资源开发与保护、海水养殖技术研究、渔业设施与工程、海洋生态环境监测、

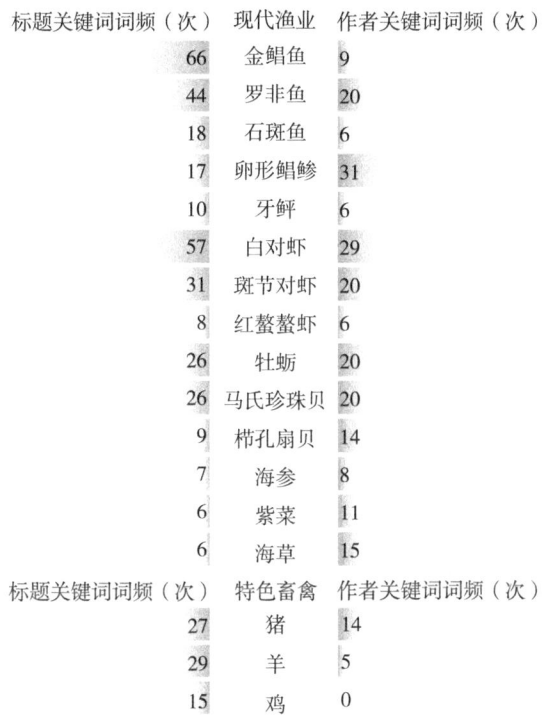

图 2-19 海南省渔业基础研究相关高频关键词

热带植物分子遗传与育种研究、热带海洋食品安全研究、淡水养殖技术研究、淡水生物资源开发研究、淡水资源可持续利用研究、水产养殖病害研究与防控、珊瑚礁生态系统研究、海草床与红树林生态系统研究、产业经济与规划、河口海岸动力环境与工程等。

海南省渔业相关基础研究领域高被引重点文献（表 2-22）主要有 Li Yuhu 等发表在 *Aquaculture* 上的《尼罗罗非鱼对缺氧应激的代谢反应研究》，研究表明，鱼类在急性缺氧应激时以碳水化合物为主要能量来源，在长期缺氧应激时代谢更多脂质。饲料中高碳水化合物含量可能有助于减少急性缺氧应激的负面影响，饲料中适当增加脂肪含量可能有利于鱼类在缺氧环境中生长，如高密度水产养殖池塘[77]。Li Yuhu 等发表在 *Chemosphere* 的《缺氧和复氧对凡纳滨对虾氧化应激、DNA 损伤和抗氧化酶活性的影响研究》，结果表明急性缺氧可引起凡纳滨对虾鳃、肝胰腺和血淋巴组织氧化应激、DNA 损伤和脂质过氧化[78]。Wei Jiankai 等发表 PLoS One 的《凡纳滨对虾早期发育的转录组学比较研究》,利用高通量 Illumina 测序技术研究了太平洋白对虾(*Litopenaeus vannamei*)5 个连续发育阶段的转录组,首次对对虾早期发育过程中的整合转录组谱进行了研究;研究结果将为对虾发育生物学和水产养殖研究提供重要参考[79]。Shi Jinxuan 等发表在 *Cell Stress & Chaperones* 的《黑虎对虾 Hsp60 和 Hsp10 在不同急性胁迫下的特性及功能分析》,为进一步了解 Hsp60 和 Hsp10 在对虾中环境胁迫反应的功能机制提供了有用的信息[80]。Shi Yaohua 等发表在 *Marine Biotechnology* 的《珍珠牡蛎转录组相关研究鉴定了生物矿化相关基因》[81]和 Liu Helu 等发表在 *BMC Genomics* 的《华贵栉孔扇贝转录组测序,鉴定与类胡萝卜素着色相关的候选基因》[82],二者的研究都是从转录组出发,对基因进行鉴定和进一步的功能分析。

表 2-22　海南省渔业基础研究相关论文(被引频次≥50 次)

标题	作者	出版物	被引频次(次)	出版年份
Oxidative stress, DNA damage and antioxidant enzyme activities in the pacific white shrimp (*Litopenaeus vannarnei*) when exposed to hypoxia and reoxygenation	Li Yuhu 等	*Chemosphere*	117	2016
Metabolic response of *Nile tilapia* (*Oreochromis niloticus*) to acute and chronic hypoxia stress	Li Mengxiao 等	*Aquaculture*	116	2018
Volatile flavour components and the mechanisms underlying their production in golden pompano (*Trachinotus blochii*) fillets subjected to different drying methods: A comparative study using an electronic nose, an electronic tongue and SDE-GC-MS	Zhang Jiahui 等	*Food Research International*	115	2019
Comparative transcriptomic characterization of the early development in Pacific white shrimp *Litopenaeus vannamei*	Wei Jiankai 等	*PLoS One*	82	2014
Characterization of the pearl oyster (*Pinctada martensii*) mantle transcriptome unravels biomineralization genes	Shi Yaohua 等	*Marine Biotechnology*	78	2013

(续表)

标题	作者	出版物	被引频次（次）	出版年份
Characterization and function analysis of Hsp60 and Hsp10 under different acute stresses in black tiger shrimp, *Penaeus monodon*	Shi Jinxuan 等	*Cell Stress & Chaperones*	76	2016
Effects of marker density and population structure on the genomic prediction accuracy for growth trait in Pacific white shrimp *Litopenaeus vannamei*	Wang Quanchao 等	*BMC Genetics*	57	2017
A de novo transcriptome of the noble scallop, *Chlamys nobilis*, focusing on mining transcripts for carotenoid-based coloration	Liu Helu 等	*BMC Genomics*	56	2015

2.3 海南省农业基础研究领域态势分析——中文文献

2.3.1 文献整体趋势

海南省机构在农业科技领域中文核心期刊发文年度趋势如图2-20所示，2013—2022年海南省机构在农业科技领域共产出文献7 948篇（图2-20A），以海南省机构为第一发文单位的论文产出占入选总产出的82.35%，为6 545篇（图2-20B）。总体来看，2013—2022年来海南省在农业科技领域中发表的较高质量中文论文成果年度发文的增减幅度呈缓势，其发文高峰和发文低谷分别在2014年和2019年，文章产出量分别为894篇和702篇；以海南省机构为第一发文单位的文献进行统计，其年度发文趋势与总体发文趋势走势一致，高峰和低谷同样在2014年和2019年，分别为749篇和562篇。

2.3.2 发文重点机构分析

以论文中所标注的第一发文机构统计，共有45所机构参与海南省农业科技领域相关研究的研究工作，发文量前二十的机构如表2-23所示。发文最多的机构为中国热带农业科学院，发文量为2 688篇，占总发文量的33.82%；发文量排名第二的机构为海南大学，发文量为2 624篇，占总发

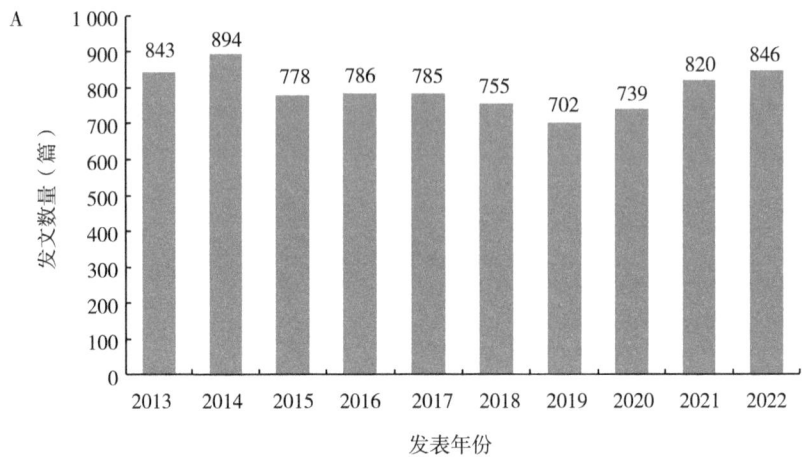

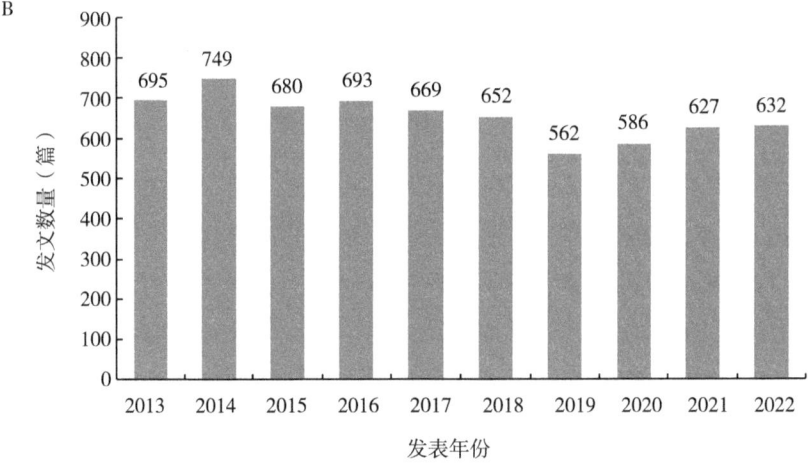

图 2-20 海南省机构农业科技领域中文核心期刊文献发文年度趋势

注：A. 海南省机构参与的农业科技领域中文核心期刊文献发文年度趋势；B. 以海南省机构为第一发文单位的农业科技领域中文核心期刊文献发文年度趋势。

文量的 33.01%；排名第三的机构为海南省农业科学院，发文量为 428 篇，占总发文量的 5.39%。总的来说，中国热带农业科学院与海南大学在论文产出方面表现为绝对的领先优势。

表 2-23 海南省农业科技领域中文核心期刊文献发文前二十的机构

排序	发文机构	发文量（篇）	排序	发文机构	发文量（篇）
1	中国热带农业科学院	2 688	11	中国医学科学院	52
2	海南大学	2 624	12	中国科学院	52
3	海南省农业科学院	428	13	黑龙江八一农垦大学	51
4	海南师范大学	148	14	中国林业科学研究院	50
5	中国农业科学院	87	15	华中农业大学	43
6	华南农业大学	65	16	海南出入境检验检疫局	41
7	海南热带海洋学院	59	17	海南省海洋与渔业科学院	37
8	中国水产科学研究院	58	18	南京农业大学	30
9	海南省林业科学研究院	54	19	中国农业大学	29
10	三亚市南繁科学技术研究院	52	20	广西壮族自治区农业科学院	30

进一步分析海南省农业科技领域中文核心期刊发文量前二十机构在2013—2022年的产出时间线变化情况（图2-21）。从总体上看，中国热带农业科学院和海南大学年均发文量均在250篇以上（以第一发文机构计），遥遥领先于其他机构。以2013—2022年的时间阶段来看，中国热带农业科学院在2013—2018年，每年发文量均居所有机构首位，但在2018年之后有所下降。发文量居于次位的海南大学，发文量基本保持稳定，近五年来则呈持续增长的趋势。海南省农业科学院年均发文量为43篇，在2013—2018年保持稳定发文，在2018年之后呈下降趋势。此外，近年来发文量呈上升趋势的机构还包括中国水产科学研究院和海南省林业科学研究院。

以论文所有发文机构统计，选取发文量≥10篇的机构进行发文机构间的合作网络分析，结果如图2-22所示。中国热带农业科学院共与58家机构开展了研究合作，发文总量为4 319篇，2 686篇为与其他机构的合作发文，合作较为紧密的机构依次为海南大学、华中农业大学和海南省农业科学院。海南大学共与63家机构开展了研究合作，发文总量为3 529篇，2 383篇文章为与其他机构的合作发文，合作较为紧密的机构依次为中国热带农业科学院、中国科学院和中国农业科学院。海南省农业科学院共与32家机构开展了研究合作，发文总量为605篇，361篇文章为与其他机构的合作发文，合作较为紧密的机构依次为中国热带农业科学院、海南大学和华南农业大学。总的来说，在海南省农业科技领域，国内研究机构合作发文较多，机构间建立了较为广泛的合作关系。在合作关系中，主要驻地在本土的机构间均有良好的合作交流关系。

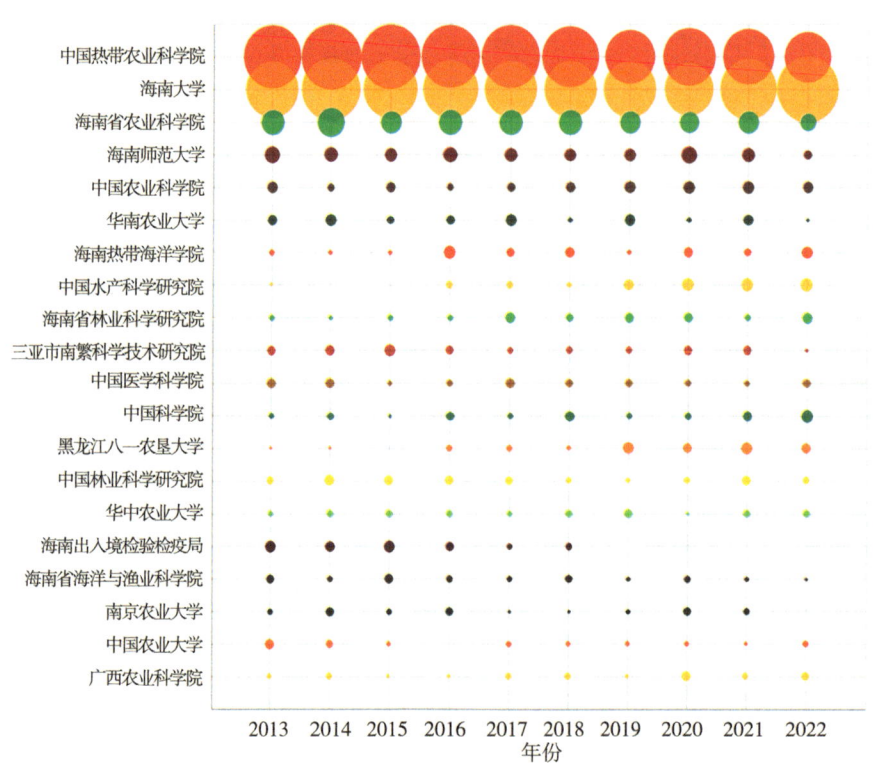

**图 2-21　海南省农业科技领域中文核心期刊文献
发文前二十的机构论文产出时间线分析**

注：气泡面积表示研究论文数量，面积越大表示发文量越多；发文量以第一发文机构计。

2.3.3　发文期刊分析

2013—2022年，本研究所纳入的中文文献共刊载在367种期刊中，刊载量前二十的期刊如表2-24所示。刊载量最多的期刊为《热带作物学报》，

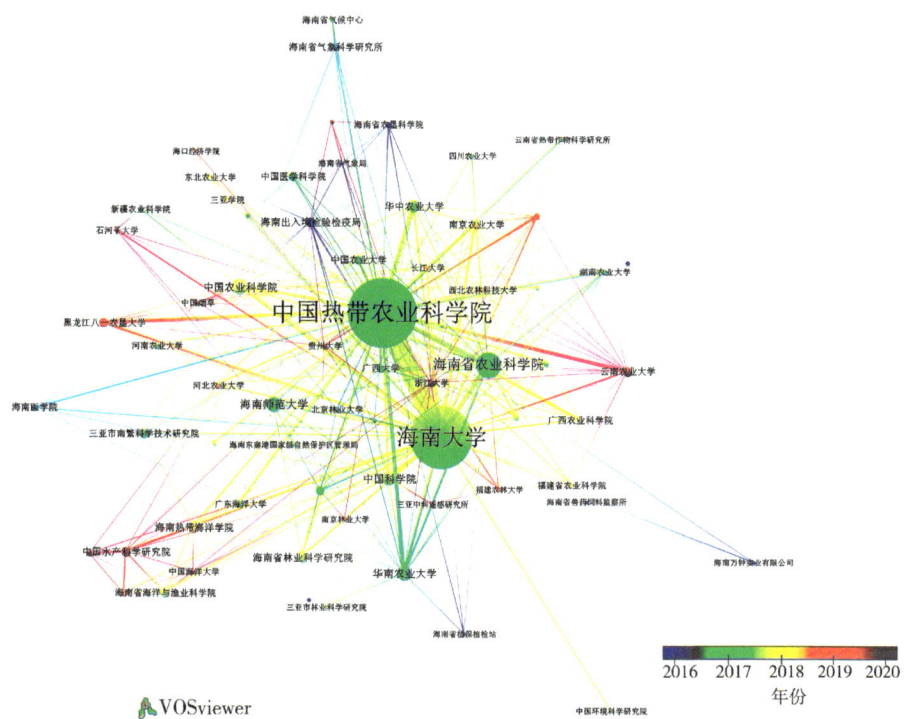

图 2-22　海南省农业科技领域机构合作关系（发文量≥10 篇）

注：节点大小代表发文量多少，节点越大代表发文量越多；连线代表合作关系，两节点之间有连线代表存在合作关系，连线越粗则代表合作强度越高；颜色表示机构发文的平均发文时间，依照冷暖色调的变化勾勒时间变化，冷色表示发文量集中在早期，暖色表示发文量集中在近期，过渡色调表示发文量年份间分布较为平均。

刊载了 1 654 篇，占总发文量的 20.81%；刊载量排名第二的期刊为《分子植物育种》，刊载了 654 篇，占总发文量的 8.22%；刊载量排名第三的为《中国南方果树》，刊载了 286 篇，占总发文量的 3.59%。

进一步分析刊载量前二十期刊的刊载时间线变化情况（图 2-23）。《热带作物学报》年均刊载量为 165 篇，遥遥领先于其他期刊的刊载量，年度刊载量基本保持稳定。《分子植物育种》2013—2017 年相关的论文的刊载量较少，自 2018 年之后刊载量呈上升趋势。《中国南方果树》年均刊载量为 28.6 篇，2013—2022 年的年度刊载量基本保持稳定。

表 2-24 海南省农业科技领域中文文献刊载量前二十的期刊

序号	期刊名称	发文量（篇）	北大核心（2020版）	综合影响因子（2022版）
1	《热带作物学报》	1 654	是	1.306
2	《分子植物育种》	654	是	0.857
3	《中国南方果树》	286	是	0.950
4	《南方农业学报》	221	是	1.512
5	《广东农业科学》	211	否	0.966
6	《基因组学与应用生物学》	199	是	0.600
7	《江苏农业科学》	177	是	0.940
8	《农机化研究》	139	是	0.809
9	《西南农业学报》	136	是	1.086
10	《北方园艺》	118	是	0.929
11	《黑龙江畜牧兽医》	114	是	0.616
12	《中国植保导刊》	103	是	0.962
13	《植物保护》	98	是	2.447
14	《果树学报》	91	是	2.117
15	《生物技术通报》	86	是	1.088
16	《种子》	81	是	1.095
17	《中国畜牧兽医》	77	是	1.187
18	《环境昆虫学报》	77	是	1.197
19	《园艺学报》	64	是	1.901
20	《家畜生态学报》	63	是	0.940

2.3.4 核心作者分析

统计本研究所纳入分析的中文文献涉及的作者数量，以全部作者数量计算，发文量最多的作者为128篇；仅以第一作者数量计算，发文量最多的作者为33篇。表2-25列出了发文量排名前二十的作者，其中，以全部作者计，85%的作者来自中国热带农业科学院；以第一作者计，70%的作者来自中国热带农业科学院。进一步对海南省农业科技领域发文量前二十的作者的产出时间线变化情况进行分析，结果如图2-24和图2-25所示。总的来看，以全部

第 2 章 海南省农业基础研究领域态势分析

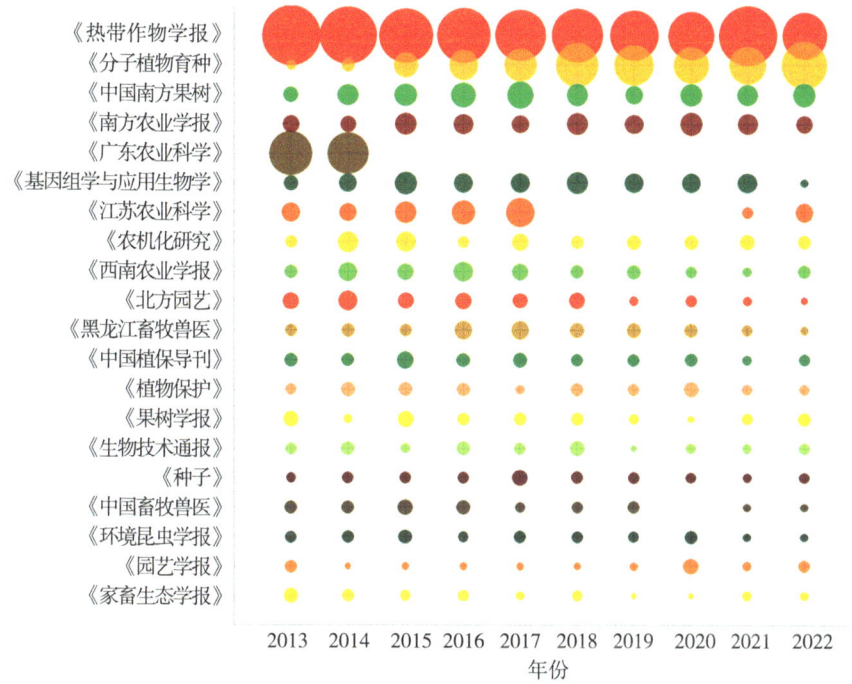

图 2-23 海南省农业科技领域刊载量前二十期刊的刊载时间线分析

注：气泡面积表示研究论文数量，面积越大表示发文量越多。

作者计，发文量前二十的学者基本上每年均保持较高质量成果的产出，2013—2017 年，大部分作者年均发文量保持在 7 篇以上；2018—2022 年，幅度有所减少，大部分作者年均发文量保持在 4 篇以上。以第一作者计，发文量前二十的学者在 2013—2017 年，年均发文量最少在 1 篇以上，2018—2022 年则有所减少；来自中国热带农业科学院的刘子记、李茂、藏小平以及来自海南省农业科学院的赵志祥在 2013—2022 年均有稳定产出。

表 2-25 海南省农业科技领域中文文献核心作者群

序号	作者	发文量（篇）	第一作者	发文量（篇）
1	周汉林	128	刘子记	33
2	刘国道	95	李茂	17
3	张贺	93	赵志祥	15
4	蒲金基	87	顾丽红	15
5	易克贤	82	吴春太	14

（续表）

序号	作者	发文量（篇）	第一作者	发文量（篇）
6	符悦冠	79	周丽霞	14
7	白昌军	76	唐良德	14
8	金志强	69	蔡波	14
9	陈业渊	66	薛忠	14
10	杨衍	62	陈青	14
11	林哲敏	62	刘少军	13
12	侯冠彧	61	唐清杰	13
13	田维敏	61	张艳	13
14	覃伟权	61	臧小平	13
15	张方平	60	董晨	13
16	彭正强	60	黄春琼	13
17	李茂	60	张贺	12
18	缪卫国	60	潘梅	12
19	刘子记	59	葛宇	12
20	刘晓妹	58	钟宝珠	12

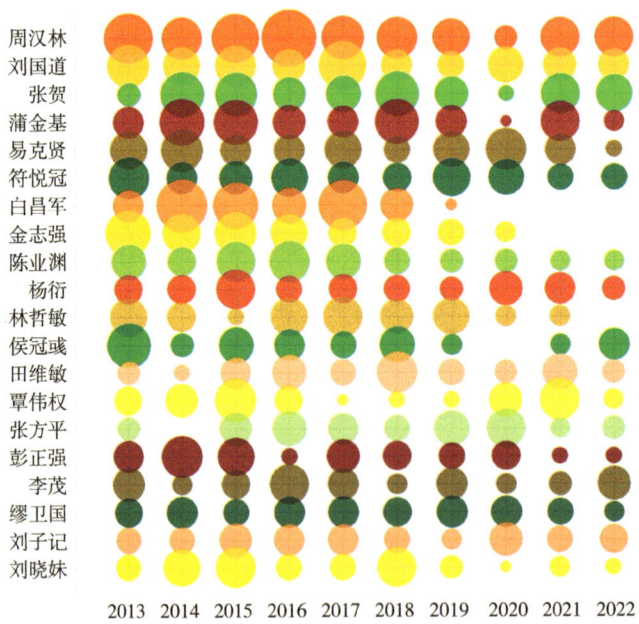

图 2-24　海南省农业科技领域发文量前二十的作者产出时间线分析（全部作者）

注：气泡面积表示研究论文数量，面积越大表示发文量越多。

根据普赖斯理论计算核心作者的公式 $N=0.749(nmax)^{1/2}$（N 表示核心作者发表的最低论文数，$nmax$ 表示发文量最多的作者的论文数量）计算核心作者群，最终可知，以全部发文作者统计，发文在 8.47 篇以上的作者为该学科领域的核心作者群，在本研究中共有 1 220 名作者入选，占比 9.84%；以第一发文作者统计，发文在 4.30 篇以上的作者为该学科领域的核心作者群，在本研究中共有 304 名作者入选，占比 6.91%。进一步以所有发文作者统计，选取发文量≥20 篇的作者（年均发文量 2 篇）进行作者间合作网络分析（图 2-26），并选取合作次数前十的作者进行展示（表 2-26）。海南省农业科技领域高合作节点作者前十的节点作者为张贺、易克贤、马蔚红、金志强、陈青、周汉林、刘国道、彭正强、符悦冠和黄洁，均来自中国热带农业科学院，通过节点作者的合作网络分析，发现这些作者与海南大学的学者具有较为紧密的合作关系。

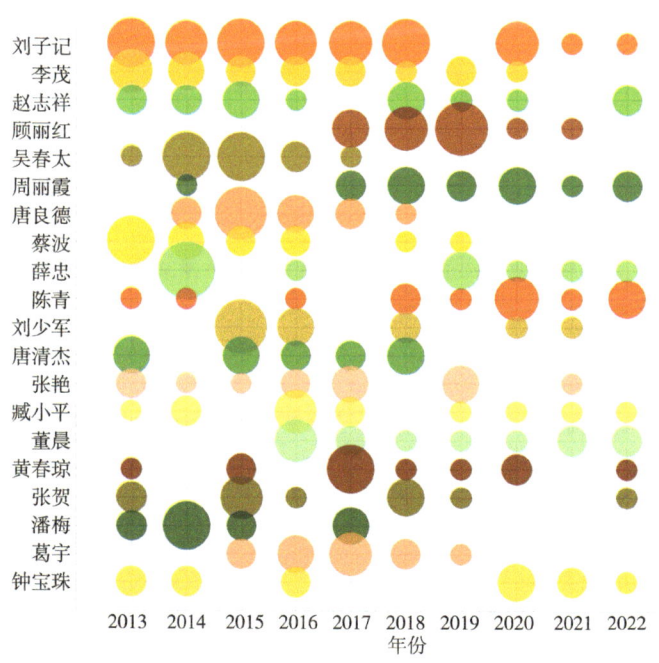

图 2-25　海南省农业科技领域发文量前二十的作者产出时间线分析（第一作者）

注：气泡面积表示研究论文数量，面积越大表示发文量越多。

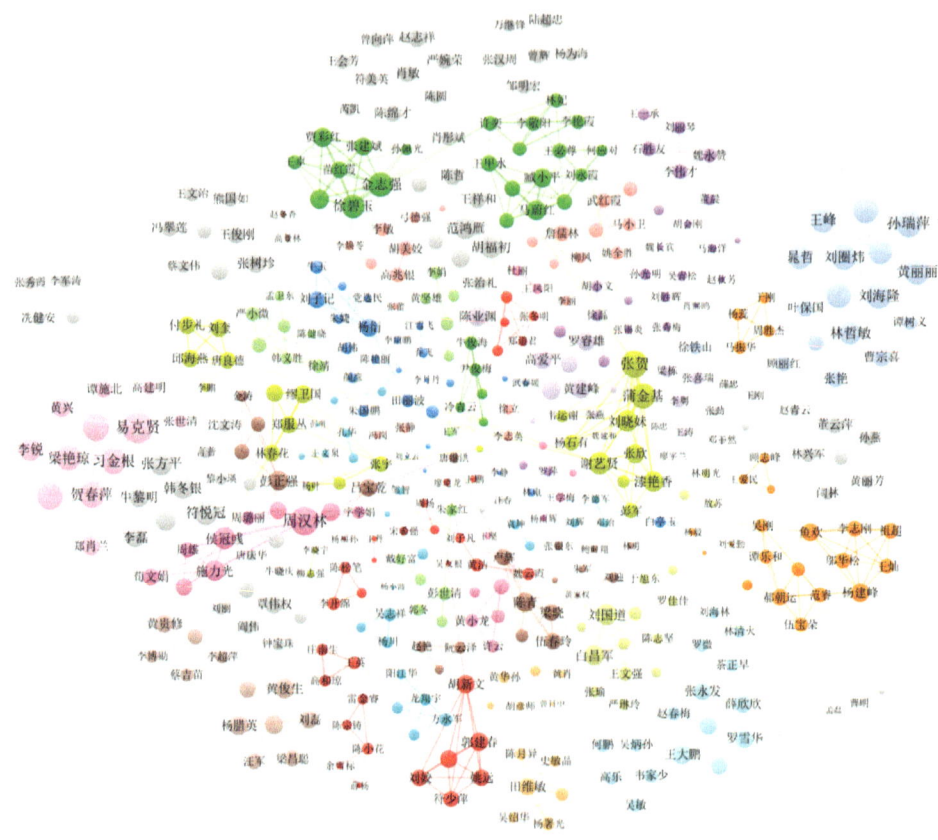

图 2-26 海南省农业科技领域作者合作网络分析（发文量≥20篇的作者）

注：节点大小代表发生合作次数的多少，节点越大代表发生的合作次数越多；连线代表合作关系，两节点之间有连线代表存在合作关系，连线越粗则代表合作强度越高。

表 2-26 海南省农业科技领域高合作节点作者合作概况（前十位）

高合作次数节点作者		与节点作者紧密合作的作者	
姓名	所属机构	姓名	所属机构
张贺	中国热带农业科学院	蒲金基、张欣、漆艳香、马蔚红、王甲水、李艳霞	中国热带农业科学院
		刘晓妹、韦谢运、杨石有	海南大学
易克贤	中国热带农业科学院	张世清、高建明、谭施北、郑金龙、习金根、温海波、彭正强、黄兴、李锐、梁艳琼、吴伟怀、贺春萍、郑肖兰	中国热带农业科学院

(续表)

高合作次数节点作者		与节点作者紧密合作的作者	
姓名	所属机构	姓名	所属机构
马蔚红	中国热带农业科学院	林兴娥、葛宇、臧小平、周兆禧、刘永霞、李艳霞、王甲水	中国热带农业科学院
金志强	中国热带农业科学院	徐碧玉、刘菊华、王卓、苗红霞、贾彩虹、张建斌、孙佩光、许奕、李敬阳、胡伟	中国热带农业科学院
陈青	中国热带农业科学院	卢辉、卢芙萍、伍春玲、梁晓、刘迎、林位夫、王军	中国热带农业科学院
周汉林	中国热带农业科学院	王定发、周璐丽、侯冠彧、周雄、荀文娟、曹婷、施力光、李茂、字学娟、徐铁山、刘国道	中国热带农业科学院
		王坚	海南大学
刘国道	中国热带农业科学院	周汉林、李茂、字学娟、罗佳佳、陈志坚、黄春琼、王文强、严琳玲、张瑜、白昌军、丁西朋、郇恒福	中国热带农业科学院
彭正强	中国热带农业科学院	温海波、金启安、金涛、吕宝乾、刘丽、李朝绪、阎伟、覃伟权	中国热带农业科学院
符悦冠	中国热带农业科学院	张方平、韩冬银、牛黎明、陈俊谕、李磊	中国热带农业科学院
		朱俊洪	海南大学
黄洁	中国热带农业科学院	魏云霞	中国热带农业科学院
		刘子凡	海南大学

2.3.5 领域主题分析

基于中国图书馆分类法进行研究主题方向统计分析，将分类统一至二级分类主题，海南省农业科技领域共涉及53类主题方向（表2-27），其中，园艺类、植物保护类、农作物类和林业类出现频次均在1 000次以上，分别有1 778篇、1 575篇、1 505篇和1 351篇，畜牧、动物医学、狩猎、蚕、蜂类，水产、渔业类，农业基础科学，农业工程出现频次在200次以上，分别有689篇、449篇、364篇和265篇。初步表明，海南省农业科技领域更侧重于对作物和植物学的研究。

表 2-27 海南省农业科技领域中文文献二级研究主题

排序	中图分类法主题	分类号	出现频次（次）	排序	中图分类法主题	分类号	出现频次（次）
1	园艺	S6	1 778	28	科学、科学研究	G3	6
2	植物保护	S4	1 575	29	环境保护管理	X3	5
3	农作物	S5	1 505	30	法律	D9	4
4	林业	S7	1 351	31	中国政治	D6	3
5	畜牧、动物医学、狩猎、蚕、蜂	S8	689	32	交通运输经济	F5	3
6	水产、渔业	S9	449	33	传记	K81	3
7	农业基础科学	S1	364	34	常用外国语	H3	3
8	农业工程	S2	265	35	昆虫学	Q96	3
9	植物学	Q94	178	36	一般工业技术	TB	2
10	农业经济	F3	67	37	中国史	K2	2
11	化学工业	TQ	65	38	基础医学	R3	2
12	自动化技术、计算机技术	TP	53	39	数学	O1	2
13	行业污染、废物处理与综合利用	X7	40	40	文物考古	K85	2
14	化学	O6	39	41	测绘学	P2	2
15	环境污染及其防治	X5	39	42	海洋学	P7	2
16	农学（农艺学）	S3	37	43	能源与动力工程	TK	2
17	环境科学基础理论	X1	24	44	财政、金融	F8	2
18	分子生物学	Q7	16	45	贸易经济	F7	2
19	轻工业、手工业、生活服务业	TS	13	46	世界各国经济概况、经济史、经济地理	F1	1
20	农业科学一般性理论	S-0	10	47	信息与知识传播	G2	1
21	教育	G4	10	48	公路运输	U4	1
22	建筑科学	TU	8	49	外交、国际关系	D8	1
23	微生物学	Q93	8	50	大气科学（气象学）	P4	1
24	电子技术、通信技术	TN	7	51	水利工程	TV	1
25	经济管理	F2	7	52	生物工程学（生物技术）	Q81	1
26	中国医学	R2	6	53	自然地理学	P9	1
27	环境质量评价与环境监测	X8	6				

进一步对研究领域进行细化，针对三级分类进行统计与主题共现分析，表 2-28 显示了共现频次排名前二十的主题，图 2-27 展示了海南省农业科技领域研究三级分类下的主题方向。其中，关注度较高的主题为病虫害及其防治、果树园艺、森林树种和经济作物，出现频次均在 500 次以上，分别为 1 148 篇、1 075 篇、790 篇和 701 篇。以共现频次进行分析，发现"病虫害及其防治"与"各种防治方法"等之间具有强关联；"果树园艺"分别与"土壤学"和"植物细胞遗传学"等之间存在强关联；"森林树种"分别与"林业基础科学""森林保护学"和"植物细胞遗传学"等之间存在强关联；"经济作物"分别与"森林树种""植物细胞遗传学""薯类作物"和"土壤学"等之间存在强关联。初步表明作物栽培及植物保护方向是 2013—2022 年海南省农业科技领域侧重关注的主题。

表 2-28　海南省农业科技领域中文文献前排名前二十的三级研究主题

排序	中图分类法主题	分类号	出现频次（次）	所属二级主题
1	病虫害及其防治	S43	1 148	植物保护
2	果树园艺	S66	1 075	园艺
3	森林树种	S79	790	林业
4	经济作物	S56	701	农作物
5	蔬菜园艺	S63	355	园艺
6	薯类作物	S53	342	农作物
7	禾谷类作物	S51	337	农作物
8	林业基础科学	S71	284	林业
9	观赏园艺（花卉和观赏树木）	S68	256	园艺
10	森林保护学	S76	251	林业
11	土壤学	S15	247	农业基础科学
12	各种防治方法	S47	245	植物保护
13	动物医学（兽医学）	S85	209	畜牧、动物医学、狩猎、蚕、蜂
14	水产基础科学	S91	202	水产、渔业
15	农业机械及农具	S22	198	农业工程
16	植物细胞遗传学	Q943	162	植物学
17	家畜	S82	161	畜牧、动物医学、狩猎、蚕、蜂

（续表）

排序	中图分类法主题	分类号	出现频次（次）	所属二级主题
18	农药防治（化学防治）	S48	153	植物保护
19	普通畜牧学	S81	149	畜牧、动物医学、狩猎、蚕、蜂
20	水产养殖技术	S96	143	水产、渔业

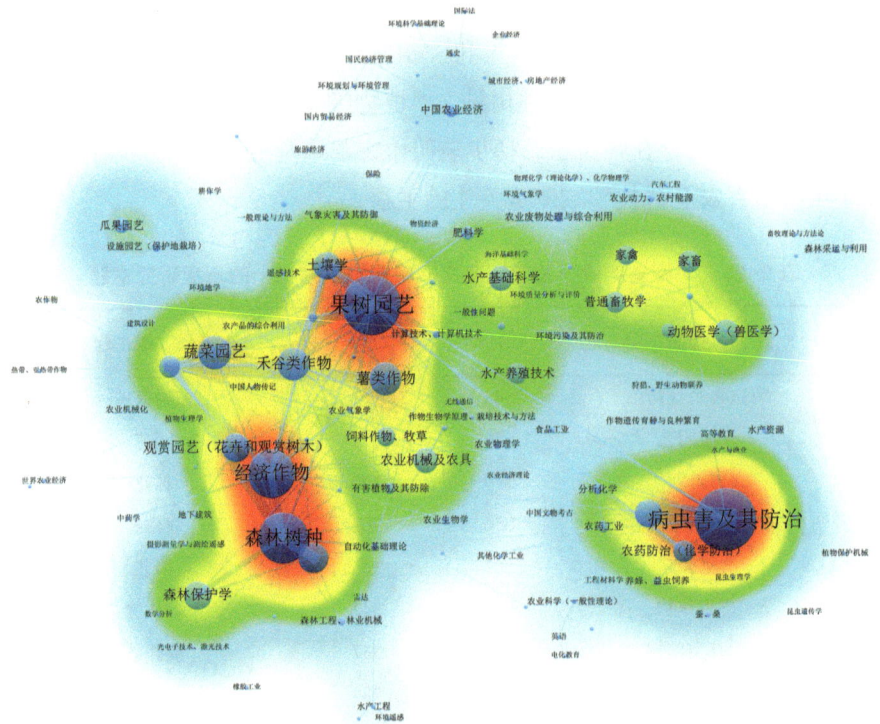

图2-27 海南省农业科技领域研究主题方向分析

注：节点大小代表出现频次高低，节点越大代表频次越高；连线代表关联关系，两节点之间有连线代表存在共现关系，连线越粗则代表共现关系越强；背景色代表关注度，依次由红色到青色递减，红底代表关注度高。

2.3.6 研究热点分析

利用VOSviewer软件进行数据集的关键词聚类分析，结果如图2-28所示。从关键词聚类图可以看出2013—2022年海南省农业领域研究主要集中在作物种质资源选育与遗传多样性分析、作物栽培与耕作研究、农林生态学研究、植物保护与防治研究、植物和微生物有关的分子遗传及作用机理分析、动物营养与生理研究 6 个方面。

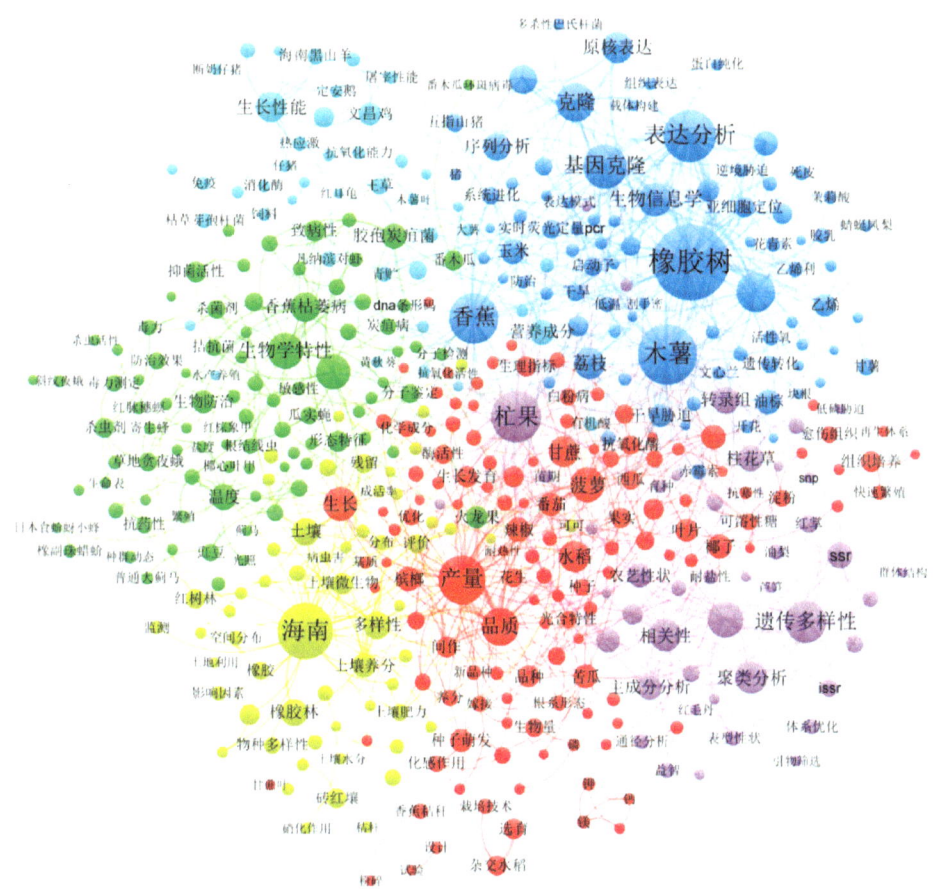

图 2-28 海南省农业科技领域作者关键词聚类（频次≥10 次）

注：节点大小代表关键词出现频次的高低，出现频次越高，节点越大；连线代表共现强度，共现强度越高，连线越粗；颜色代表聚类。

梳理海南省农业科技基础研究领域中，出现频次≥10 次的与研究对象有关的关键词，结果如表 2-29 所示。据统计，海南省农业科技基础研究领域中，研究对象对应关键词出现频次≥10 次的动植物包括橡胶树、木薯、杧果、香蕉、菠萝、荔枝、水稻、甘蔗、柱花草、玉米、油棕、苦瓜、槟椰、椰子、文昌鸡、火龙果、胡椒、剑麻、木麻黄、辣椒等。其中，橡胶树、木薯、杧果、香蕉、菠萝出现频次均在 100 次以上，分别为 461 次、298 次、221 次、207 次和 101 次，为排名前五的作物。此外，基于 VOSviewer 的关键词平均出现时间分析结果是经过平均化处理后的结果，代表关键词的"生命活力"，换言之，关键词处在早期的时区内代表关键词诞生于早期，若近几年依然备受关注，则会置于靠近较新年份的区间内。从热点的平均时间来看，大多数研究对象的热点平均年份均保持在 2017 年左右，表明均获得了持续且稳定的关注（图 2-29）。

表 2-29 海南省农业科技基础研究领域研究对象（动植物）关键词聚类信息

关键词	共现频次（次）	共现强度	关键词出现平均年份
橡胶树	461	142	2017
木薯	298	127	2017
杧果	221	115	2018
香蕉	207	124	2017
菠萝	101	69	2017
荔枝	81	60	2018
水稻	81	50	2017
甘蔗	79	49	2017
柱花草	60	49	2017
玉米	53	43	2018
油棕	52	47	2018
苦瓜	50	48	2017
槟榔	47	45	2019
椰子	47	38	2017
文昌鸡	46	28	2018
火龙果	42	47	2019
胡椒	38	42	2017
剑麻	38	28	2017
木麻黄	37	16	2018
辣椒	37	33	2017
澳洲坚果	36	40	2018

(续表)

关键词	共现频次（次）	共现强度	关键词出现平均年份
菠萝蜜	36	34	2018
番木瓜	34	30	2017
红树林	34	16	2017
白木香	33	30	2018
番茄	31	41	2018
西瓜	31	32	2017
花生	30	31	2018
五指山猪	30	19	2017
红掌	29	20	2016
咖啡	27	36	2019
豇豆	27	25	2016
甜瓜	27	16	2017
甘薯	26	21	2019
海南黑山羊	25	17	2017
王草	24	24	2017
龙眼	24	21	2017
油梨	22	27	2019
茄子	21	25	2017
凡纳滨对虾	21	15	2018
益智	20	24	2018
橡胶草	17	26	2018
文心兰	16	15	2017
可可	15	21	2017
儋州鸡	15	16	2018
油茶	15	14	2017
广藿香	15	17	2017
樱桃番茄	15	14	2019
海南粗榧	15	9	2016
海南龙血树	14	14	2018
定安鹅	14	9	2017
大薯	13	17	2016

（续表）

关键词	共现频次（次）	共现强度	关键词出现平均年份
红毛丹	12	18	2018
冬瓜	11	13	2020
香草兰	11	16	2016
黄秋葵	11	10	2017
铁皮石斛	11	11	2016
中华蜜蜂	11	9	2018

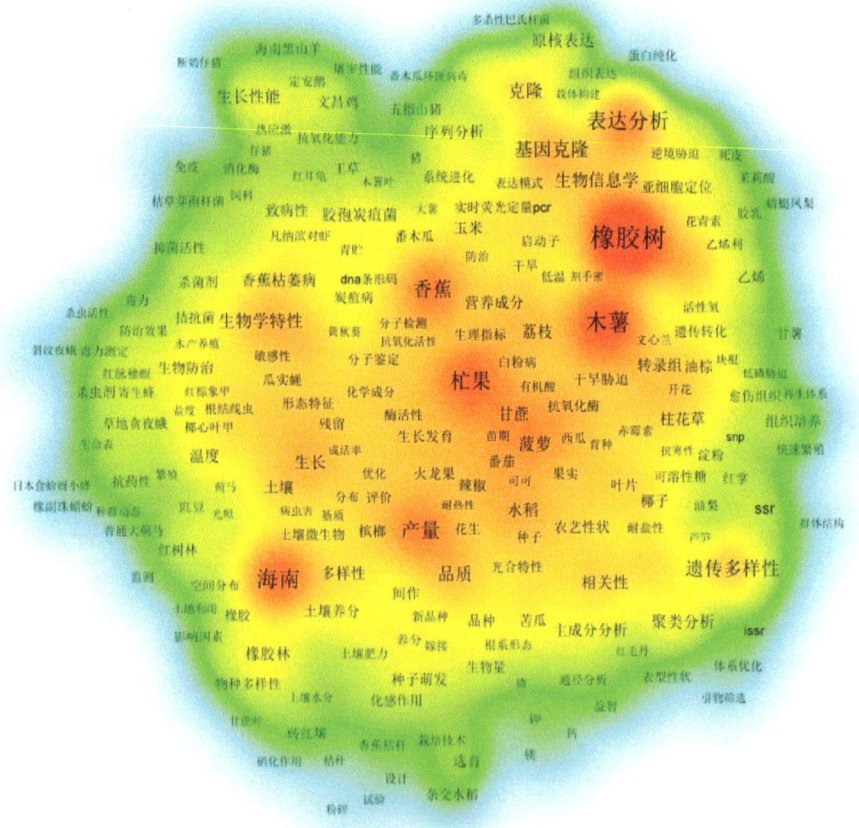

图 2-29　海南省农业科技基础研究领域作者关键词热力图（频次≥10 次）

注：背景色代表关注度，依次由红色到青色递减，红底代表关注度高。

依据前述高频关键词分析初步确定海南热点研究对象（动植物）。根据海南热带高效农业特色——粮食作物、冬季瓜果蔬菜、热带作物、热带水果、畜牧业、水产和渔业，将热点研究对象进行人工筛选、判断与分类，最终通过分析各领域的高被引文献，初步了解各领域的基础研究进展。

2.3.6.1 粮食作物

依据前述分析出的高频关键词初步确定海南关于粮食作物的热点研究领域。入选本次类别分析的相关高频词汇包含木薯、水稻、玉米、甘薯、大薯。按照关键词进行类别划分，涉及粮食作物领域的相关文献为751篇，其中，与木薯有关的报道最多，为411篇，其次为水稻（184篇）、玉米（111篇）。

表2-30摘录了海南省粮食作物研究领域被引频次排名前十的文章，涉及木薯的有3篇，水稻3篇，玉米4篇。具体来看，在木薯研究领域，高被引论文分布在农业机械、耐逆性机理探析和蛋白质组学分析上。廖宇兰等建立多目标优化设计模型，对木薯收获机机架结构开展优化设计，在得出的6组非劣解集上进一步试验，提出了提高木薯收获机工作性能的方案[83]。赵超等探究了干旱胁迫下木薯茎秆可溶性糖、淀粉及相关酶的代谢规律，表明海藻糖参与木薯干旱适应性调节，且在干旱胁迫下，耐旱型品种在可溶性糖调节和淀粉分解方面有更积极的响应[84]。安飞飞等揭示了木薯及其四倍体诱导株系叶片在蛋白质组及叶绿素荧光参数上的差异，为木薯多倍体育种实践提供参考[85]。在水稻研究领域，高被引论文分布在作物栽培营养学研究、转基因研究和植物保护与生物安全方向上。薛欣欣等开展了控失尿素在水稻生产上的肥效及环境效益相关研究，发现通过分次施用控失尿素可以保证稻谷稳产，并能够有效降低稻田土壤氨的挥发损失[86]。贾士荣等对转基因水稻基因漂流进行了系统性回顾，阐明了水稻基因漂流的规律，基于气象资料建立了水稻划分扩散和基因漂流普适性模型，分析了转基因漂流至普通稻后的命运，并提出了水稻基因漂流风险控制与管理的原则[87]。俞寅达等综述了水稻纹枯病生物防治的研究进展，并探讨了稻鸭共养等其他防治策略对生物防治的补充效果[88]。在玉米研究领域，高被引论文分布在作物栽培营养学研究、耐逆性机理探析及农业废弃物资源利用方面。李玉影等和胡春花等团队，分别从平衡施肥以及不同栽培措施的角度，

提出了栽培优化的方案[89-90]。索龙等探究了玉米秸秆及其制备物对砖红壤酸度和交换性能的影响[91]。杨娟等探讨了玉米苗期的抗旱机理,表明玉米根系在对干旱的逆境响应上较地上部分更为敏感,不同品种的形态学指标在适应逆境的响应表现上有所不同,且渗透调节物质的响应表征有所变化[92]。

表 2-30　海南省粮食作物研究领域被引频次排名前十的文章

研究对象	标题	作者	出版物	被引频次（次）	出版年份
木薯	基于灵敏度分析的木薯收获机机架结构优化设计	廖宇兰等	《农业机械学报》	64	2013
木薯	干旱胁迫下木薯茎秆可溶性糖、淀粉及相关酶的代谢规律	赵超等	《植物生理学报》	63	2017
木薯	华南8号木薯及其四倍体诱导株系叶片蛋白质组及叶绿素荧光差异分析	安飞飞等	《中国农业科学》	45	2013
水稻	控失尿素对稻田氨挥发、氮素转运及利用效率的影响	薛欣欣等	《应用生态学报》	43	2018
水稻	转基因水稻基因飘流研究十年回顾	贾士荣等	《中国农业科学》	39	2014
水稻	水稻纹枯病生物防控研究进展	俞寅达等	《分子植物育种》	39	2019
玉米	玉米平衡施肥对产量、养分平衡系数及肥料利用率的影响	李玉影等	《玉米科学》	70	2013
玉米	不同栽培措施对青贮玉米产量和营养品质的影响	胡春花等	《热带作物学报》	48	2015
玉米	秸秆及生物质炭对砖红壤酸度及交换性能的影响	索龙等	《土壤》	47	2015
玉米	PEG模拟干旱胁迫对不同抗旱性玉米品种苗期形态与生理特性的影响	杨娟等	《作物杂志》	43	2021

2.3.6.2　瓜果蔬菜

依据前述分析出的高频关键词初步确定海南瓜果蔬菜的热点研究领域。入选本次类别分析的相关高频词汇包含辣椒、番茄、苦瓜、西瓜、豇豆、甜瓜、茄子、冬瓜。按照关键词进行类别划分,涉及瓜果蔬菜领域的相关文献为384篇,其中,与辣椒有关的报道最多,为80篇,其次为番茄（59篇）、苦瓜（58篇）。

表 2-31 摘录了海南省瓜果蔬菜研究领域被引频次排名前十的文章（含并列），涉及番茄的有 1 篇，豇豆 5 篇，苦瓜 1 篇，茄子 1 篇，甜瓜 1 篇，西瓜 2 篇。具体来看，在番茄研究领域，高被引论文分布在智慧农业方向。马翠花等提出一种识别未成熟番茄果实的方法[93]。在豇豆研究领域，高被引论文分布在植物保护方向。范永梅等和唐良德等团队针对海南豇豆的害虫开展了相关研究，对蓟马在豇豆上的为害进行调查，揭示豇豆上蓟马为害的种类、空间分布规律、种群消长动态及监测方法[94-95]，并研究了豇豆上蓟马的化学防治方法和生物防治方法，提出针对豇豆害虫的化学防治药剂和生物防治天敌的控害潜能[96-97]。在苦瓜研究领域，高被引论文分布在植物保护方向。田丽波等探讨了苦瓜叶片结构与白粉病抗性的关系，提出蜡质含量、叶片背面气孔及绒毛密度等叶片结构指标可作为苦瓜白粉病抗性鉴定指标[98]。在茄子研究领域，高被引论文分布在耐逆性研究方向。李威等建立了茄子苗期耐热性鉴定体系，初步确定细胞膜电导率、脯氨酸含量、MDA 和热害指数可作为茄子耐热性鉴定指标[99]。在甜瓜研究领域，高被引论文分布在遗传学研究方向。杨光华等构建了甜瓜 Bin 遗传图谱，并完成甜瓜果皮颜色、果肉颜色和果皮覆纹颜色的质量性状基因的定位[100]。在西瓜研究领域，高被引论文分布在耐逆性研究方向。侯伟等开展了低温及低温弱光条件下西瓜幼苗的光合响应机制研究，为高产反季栽培技术体系提供理论指导[101-102]。

表 2-31 海南省瓜果蔬菜研究领域被引频次排名前十的文章

研究对象	标题	作者	出版物	被引频次（次）	出版年份
番茄	基于显著性检测与改进 Hough 变换方法识别未成熟番茄	马翠花等	《农业工程学报》	45	2016
豇豆	普通大蓟马在海南豇豆上的空间分布型	范咏梅等	《环境昆虫学报》	56	2013
豇豆	大草蛉幼虫捕食豆大蓟马和豆蚜的功能反应及生长发育	唐良德等	《中国生物防治学报》	47	2017
豇豆	海南豇豆蓟马发生为害调查及蓝板监测技术研究	唐良德等	《中国植保导刊》	38	2015
豇豆	氨基寡糖素在豇豆上的应用效果	李萍等	《中国植保导刊》	37	2013

(续表)

研究对象	标题	作者	出版物	被引频次（次）	出版年份
豇豆	豆大蓟马对12种杀虫剂的敏感性测定	唐良德等	《热带作物学报》	35	2015
苦瓜	苦瓜叶片结构与白粉病抗性的关系	田丽波等	《西北植物学报》	49	2013
茄子	高温胁迫下茄子耐热性表现及耐热指标的筛选	李威等	《热带作物学报》	38	2015
甜瓜	甜瓜果实颜色3个质量性状基因的定位	杨光华等	《园艺学报》	65	2014
西瓜	低温胁迫对西瓜幼苗光合作用与叶绿素荧光特性的影响	侯伟等	《广东农业科学》	72	2014
西瓜	低温弱光对西瓜幼苗光合作用和抗氧化酶活性的影响	侯伟等	《热带作物学报》	35	2015

2.3.6.3 热带水果

依据前述分析出的高频关键词初步确定海南热带水果的热点研究领域。入选本次类别分析的相关的高频词汇包含杧果、香蕉、菠萝、荔枝、火龙果、菠萝蜜、番木瓜、龙眼、油梨、红毛丹。按照关键词进行类别划分，涉及热带水果领域的相关文献为1 257篇，其中，与香蕉有关的报道最多，为409篇，其次为杧果（323篇）、菠萝（201篇）。

表2-32摘录了海南省热带水果研究领域被引频次排名前十的文章。涉及香蕉的有4篇，杧果3篇，菠萝2篇，火龙果1篇。具体来看，在香蕉研究领域，高被引论文分布在植物保护和农业机械的研究上。钟书堂等、黄新琦等和辛侃等团队，分别从有机肥料施用和优化耕作方式的角度，探讨香蕉枯萎病的有效防治方式[103-105]。张喜瑞等设计了香蕉假茎粉碎还田机，有效改善粉碎机作业过程的低效问题[106]。在杧果研究领域，高被引论文分布在作物栽培研究方向，旨在探讨不同栽培管理条件下作物果实品质的表现。李华东等和藏小平等研究了不同施肥条件对杧果果实品质的影响[107-108]，弓德强等探究了果实采前喷施茉莉酸甲酯对果实采后抗病和贮藏的影响[109]。在菠萝研究领域，高被引论文分布在作物栽培及采后保鲜研究方向上。严程明等探讨了滴灌施肥对菠萝产量、品质及经济效益的影

响[110]。张鲁斌等探讨了乙烯受体抑制剂对采后菠萝生理及品质的影响[111]。与火龙果相关的高被引论文来源于田新民等梳理的关于火龙果研究的综述，从火龙果的起源及分布、生长特性、价值、推广和种植情况、种质资源研究现状、病虫害研究情况等方面展开相关的论述[112]。

表2-32 海南省热带水果研究领域被引频次排名前十的文章

研究对象	标题	作者	出版物	被引频次（次）	出版年份
香蕉	生物有机肥对连作蕉园香蕉生产和土壤可培养微生物区系的影响	钟书堂等	《应用生态学报》	101	2015
香蕉	土壤快速强烈还原对于尖孢镰刀菌的抑制作用	黄新琦等	《生态学报》	68	2014
香蕉	滚割喂入式卧轴甩刀香蕉假茎粉碎还田机设计与试验	张喜瑞等	《农业工程学报》	54	2015
香蕉	香蕉—水稻轮作联合添加有机物料防控香蕉枯萎病研究	辛侃等	《植物保护》	53	2014
杧果	土壤施钙对杧果果实钾、钙、镁含量及品质的影响	李华东等	《中国土壤与肥料》	71	2014
杧果	杧果采前喷施茉莉酸甲酯对其抗病性和采后品质的影响	弓德强等	《园艺学报》	61	2013
杧果	不同用量有机肥对杧果果实品质及土壤肥力的影响	臧小平等	《中国土壤与肥料》	54	2016
菠萝	滴灌施肥对菠萝产量、品质及经济效益的影响	严程明等	《植物营养与肥料学报》	64	2014
菠萝	适宜1-MCP处理保持采后菠萝常温贮藏品质	张鲁斌等	《农业工程学报》	60	2016
火龙果	火龙果研究现状	田新民等	《北方园艺》	49	2015

2.3.6.4 热带作物

依据前述分析出的高频关键词初步确定海南热带作物的热点研究领域。入选本次类别分析的相关高频词汇包含橡胶树、油棕、槟榔、椰子、剑麻、胡椒、咖啡、可可、澳洲坚果、木麻黄、白木香、柱花草、王草、益智、铁皮石斛。按照关键词进行类别划分，涉及热带作物领域的相关文献为1 051篇，其中，与橡胶有关的报道最多，为779篇。

表2-33摘录了海南省热带作物研究领域被引频次排名前十的文章。涉及橡胶的有3篇，槟榔1篇，椰子1篇，王草2篇，木麻黄1篇，白木香1篇，铁皮石斛1篇。具体来看，在橡胶研究领域，高被引论文分布在橡胶树的栽培与植物保护研究上。刘少军等从气候资源和农业气象灾害综合影响的角度出发，计算橡胶树种植气候适宜指数和橡胶树综合寒害指数，并结合模糊综合评价模型，开展中国橡胶树种植气候适宜性区划研究[113]。郭澎涛等基于多源环境变量和RF、CART等模型对区域尺度上橡胶园土壤全氮含量的空间分布进行了预测，并应用CART模型和GAMM模型对胶园土壤全氮含量空间分布与多源环境变量的关系进行探讨[114]。唐文等开展了枯草芽孢杆菌Czk1对橡胶树体内防御酶活性的影响研究，结果显示Czk1与橡胶植株抗性相关防御酶之间存在相关性[115]。在槟榔研究领域，高被引论文分布在农业机械研究上。王娟等研究了单旋翼无人机在不同作业高度对槟榔树冠层及地面喷施效果的影响[116]。在椰子研究领域，高被引论文分布在植物保护方向上。李后魂等报道了棕榈科重要入侵害虫椰子木蛾，并进行了分类地位和形态特征研究和描述[117]。在王草研究领域，高被引论文涉及王草的高值化利用和饲料化利用。李茂等先后研究了不同生长高度以及使用乳酸菌和纤维素酶处理下，王草的营养成分含量及瘤胃降解效率，为王草在饲用化高效利用提供相关依据[118-119]。在木麻黄研究领域，李小容等开展了不同林龄林地土壤多样性的动态变化研究[120]。在白木香研究领域，黄俊卿等综述了沉香结香方法并梳理了通体结香技术的相关资料，为沉香的生产提供资料咨询[121]。在铁皮石斛研究领域，谢静等对比了松树皮、松树皮混合泥炭土和松树皮混合蔗渣3种栽培基质对铁皮石斛生长的影响，发现松树皮混合泥炭土是最佳的栽培基质[122]。

表2-33　海南省热带作物研究领域被引频次排名前十的文章

研究对象	标题	作者	出版物	被引频次（次）	出版年份
橡胶	中国橡胶树种植气候适宜性区划	刘少军等	《中国农业科学》	79	2015
橡胶	基于多源环境变量和随机森林的橡胶园土壤全氮含量预测	郭澎涛等	《农业工程学报》	91	2015

(续表)

研究对象	标题	作者	出版物	被引频次（次）	出版年份
橡胶	枯草芽孢杆菌Czk1诱导橡胶树抗病性相关防御酶系研究	唐文等	《南方农业学报》	35	2016
槟榔	单旋翼无人机作业高度对槟榔雾滴沉积分布与飘移影响	王娟等	《农业机械学报》	42	2019
椰子	重要入侵害虫——椰子木蛾的分类地位和形态特征研究（鳞翅目，木蛾科）	李后魂等	《应用昆虫学报》	34	2014
王草	不同生长高度王草瘤胃降解特性研究	李茂等	《畜牧兽医学报》	36	2015
王草	添加乳酸菌和纤维素酶对王草青贮品质和瘤胃降解率的影响	李茂等	《中国畜牧杂志》	34	2020
木麻黄	海南岛不同林龄的木麻黄林地土壤微生物的功能多样性	李小容等	《植物生态学报》	53	2014
白木香	沉香结香方法的历史记载、现代研究及通体结香技术	黄俊卿等	《中国中药杂志》	78	2013
铁皮石斛	栽培基质对铁皮石斛生长的影响	谢静等	《热带作物学报》	36	2017

2.3.6.5 水产与渔业

依据前述分析出的高频关键词初步确定海南水产与渔业的热点研究领域。入选本次类别分析的相关高频词汇为凡纳滨对虾。考虑到纳入符合标准的数量，按照关键词所属进行中图分类号类别扩展，涉及水产与渔业领域的相关文献为449篇。

表2-34摘录了海南省水产与渔业研究领域被引频次排名前十的文章。涉及藻类的有2篇，鱼类5篇，虾类1篇，海草1篇，渔业设施工程1篇。具体来看，水产与渔业领域的高被引文章主要涉及水产养殖技术、水产养殖病害研究与防控、遗传与进化、生态系统以及设施工程类方面的研究。在藻类研究方面，杨勋等为提高若夫小球藻藻体对的质量浓度和油脂质量浓度，开展不同营养方式、氮源和pH值对其的影响研究，揭示相关的条件影响规律[123]。马军等研究了琼枝、石莼、匍枝马尾藻、南方团扇藻和棒叶蕨藻5种海藻多糖的抗氧化活性，以期为海藻多糖的产品开发提供理论支持[124]。在鱼类研究方面，罗鸣等从石斑鱼细菌性疾病、病毒性疾病、寄生虫类疾病3个方面梳理了我国石斑鱼养殖疾病的发生情况[125]。杨宁和

李聪等实现了罗非鱼相关致病病原菌的分离鉴定,并完成了药敏性试验研究[126-127]。侯新远等开展了 5 种虾虎鱼类系统进化关系研究[128]。余梵冬等聚焦南渡江河流的鱼类多样性调查,评估了南渡江河流的健康状况[129]。在虾类研究方面,李玉虎等分析了凡纳滨对虾生长发育规律,并揭示了 Logistic、Gompertz 和 Von Bertalanffy 3 种非线性模型在对虾体长和体质量生长曲线拟合优势[130]。陈石泉等对 2004—2013 年海南岛东岸海草床的变化趋势进行研究,发现海草床整体覆盖度呈下降趋势,总体平均生物量则基本保持稳定[131]。石建高等回顾了海水网箱网衣防污技术的研究进展,并分析了多种网箱网衣防污技术的特点[132]。

表 2-34　海南省水产与渔业研究领域被引频次排名前十的文章

研究对象	标题	作者	出版物	被引频次(次)	出版年份
藻类	营养元素和 pH 对若夫小球藻生长和油脂积累的影响	杨勋等	《南方水产科学》	29	2013
藻类	几种海藻多糖抗氧化活性及体外抗脂质过氧化作用的研究	马军等	《南方水产科学》	29	2017
鱼类	我国石斑鱼养殖疾病的研究进展	罗鸣等	《水产科学》	46	2013
鱼类	尼罗罗非鱼嗜水气单胞菌病的病原分离鉴定和药敏试验	杨宁等	《水产科学》	37	2014
鱼类	海南罗非鱼致病性维氏气单胞菌分离鉴定及药敏特性研究	李聪等	《水产科学》	35	2015
鱼类	基于线粒体 D-loop 基因序列研究我国 5 种虾虎鱼类的系统进化关系	侯新远等	《海洋渔业》	27	2013
鱼类	基于鱼类多样性与生物完整性的海南岛南渡江河流健康评价	余梵冬等	《生态学杂志》	27	2018
虾类	凡纳滨对虾生长发育规律及生长曲线拟合研究	李玉虎等	《南方水产科学》	37	2015
海草	海南岛东海岸海草床近 10a 变化趋势探讨	陈石泉等	《海洋环境科学》	33	2015
渔业设施	海水网箱网衣防污技术的研究进展	石建高等	《水产学报》	30	2021

2.3.6.6　畜禽

依据前述分析出的高频关键词初步确定畜禽的热点研究领域。入选本次类别分析的相关高频词汇包含文昌鸡、五指山猪、海南黑山羊、儋州鸡、定安鹅。由于禽畜品类的特殊性，按照关键词上行词进行类别划分，涉及畜禽领域的相关文献为385篇，其中，与猪有关的报道最多，为153篇，其次为鸡（136篇）、羊（73篇）。

表2-35摘录了海南省畜禽研究领域被引频次排名前十的文章。涉及猪的有1篇，羊5篇，鸡3篇，鹅1篇。具体来看，畜禽领域的高被引文章主要涉及动物饲料及营养学研究，部分涉及饲养管理和产科学研究。曹启民等开展了灵芝菌糠发酵饲料饲喂育肥猪试验，结果显示可以有效改善猪肉品质，提高瘦肉率[133]。王定发、周雄、胡琳等探究了不同日粮搭配对羊生长性能、生化指标等表征的影响，为羊养殖产业的饲料化利用提供相关理论依据[134-136]。施力光等探讨了热应激对羊健康和繁殖的影响，并研究了饲料中补充硒和维生素E后羊热应激生理表征缓解效果[137-138]。王飞等针对霸王鸡生长发育规律开展了研究，为霸王鸡饲养供给提供理论依据[139]。林厦菁和刘圈炜等开展了大豆异黄酮、抗生素和复合酸化剂等饲料添加剂对文昌鸡生长性能、肉质及生理生化指标的影响研究，为家禽饲喂提供相关理论指导[140-141]。李茂等研究了木薯叶粉对鹅生长性能及血液生理生化指标的影响，结果表明饲料中添加木薯叶粉提高了鹅的生长性能[142]。

表2-35　海南省畜禽研究领域被引频次排名前十的文章

研究对象	标题	作者	出版物	被引频次（次）	出版年份
猪	灵芝菌糠发酵饲料对育肥猪生产性能的影响	曹启民等	《中国饲料》	68	2013
羊	不同营养水平日粮对海南黑山羊肥育羔羊生长性能和器官指数的影响	王定发等	《中国畜牧兽医》	44	2013
羊	日粮中青贮甘蔗尾叶替代不同比例王草对海南黑山羊生长性能、养分表观消化率及血清生化指标的影响	周雄等	《中国畜牧兽医》	39	2015
羊	补饲硒和维生素E对高温季节山羊精液品质、抗氧化酶活性及热休克蛋白表达的影响	施力光等	《中国畜牧兽医》	37	2016

(续表)

研究对象	标题	作者	出版物	被引频次（次）	出版年份
羊	持续性环境热应激对公羊血液生化指标、生殖激素及精液品质的影响	施力光等	《家畜生态学报》	34	2018
羊	日粮中添加不同比例木薯茎叶对海南黑山羊生长性能、血清生化指标和养分表观消化率的影响	胡琳等	《中国畜牧兽医》	27	2016
鸡	霸王鸡生长曲线拟合及体重与体尺的相关性分析	王飞等	《南方农业学报》	34	2014
鸡	大豆异黄酮和抗生素对文昌鸡生长性能、肉品质和血浆抗氧化指标的影响	林厦菁等	《华南农业大学学报》	30	2018
鸡	复合酸化剂对热应激文昌鸡生长性能及血清生化指标的影响	刘圈炜等	《中国家禽》	24	2018
鹅	木薯叶粉对鹅生长性能和血液生理生化指标的影响	李茂等	《动物营养学报》	27	2016

2.4 结论与建议

2.4.1 结论

本研究选取2013—2022年Web of Science（WOS）核心合集SCI-E数据库收录的海南省农业领域基础研究相关文献作为外文样本数据，通过人工筛选，对数据集进行清洗，最终得到海南省农业科技相关SCI文献8 050篇，选择CAJD数据库作为海南省农业科学研究领域分析的中文数据来源，时间范围限定为2013—2022年，通过构建检索式获得文献8 358篇，通过发文机构字段进行人工清洗，最终得到海南省农业科技相关中文高质量文献7 948篇。

通过统计十年来SCI-E海南省农业相关基础研究领域SCI发文数量和被引频次，可以看出自2018年后，海南省农业的基础研究领域的年度SCI发文量大幅度提升，尤其在2020—2022年，SCI科技文献发文量分别达到920篇和2 349篇。SCI发文量增加说明研究实力不断提升和海南省农业领域越来越受到科研工作者的重视。然而，2013—2022年海南省在农业科技领域中发表的较高质量中文论文成果年度发文的增减幅度呈缓势，其发文高峰和发文低谷分别在 2014 年和 2019 年，文章产出量分别为 894 篇和 702 篇；以海南省机构为第一发文单位的文献进行统计，其年度发文趋势与总体发文趋势走势一致，高峰和低谷同样在 2014 年和 2019 年，分别为 749 篇和 562 篇。

通过统计 Web of Science 学科类别分布论文数，发现外文 SCI 大多集中在植物科学、环境科学生态学、多学科科学、生物化学—分子生物学、遗传学等。基于中国图书馆分类法进行研究主题方向统计分析，中文文献中涉及最多的是园艺类、植物保护类、农作物类和林业类。初步结果表明，海南省农业科技领域中外文文献都更侧重于对作物和植物学的研究。从外文 SCI 数据集的学科共现情况和学科发展趋势分析得出，环境科学、绿色可持续科技和环境研究学科领域是当前海南省农业基础研究领域中最热门的 3 个学科；中文文献的学科主题共现分析初步表明作物栽培及植物保护方向是海南省农业科技领域侧重关注的主题。

2013—2022 年，海南省农业基础研究领域 SCI 发文量排名前十的科研机构为海南大学、中国热带农业科学院、中国科学院、海南师范大学、中国农业科学院、中国农业大学、海南热带海洋学院、海南医学院、华中农业大学和浙江大学。其中海南大学、中国热带农业科学院和中国科学院总发文量远超过其他机构。中文核心期刊发文最多的机构为中国热带农业科学院，发文量排名第二的机构为海南大学，排名第三的机构为海南省农业科学院。总的来说，中国热带农业科学院与海南大学在论文产出方面表现为绝对的领先优势。然而，2017 年海南大学 SCI 发文量超过中国热带农业科学院，且其后几年的发文量均位列第一，尤其在 2022 年，海南大学发文量出现激增的现象，而中国热带农业科学院、中国科学院等机构发文量始终平稳增长。以中文核心论文发文情况来看，中国热带农业科学院在 2013—2018 年，每年发文量均居所有机构首位，但在 2018 年之后有所下降，发文量居于次位。

海南省农业科技领域 SCI 论文发文量超过 50 篇的作者共 14 人，其中 Peng Ming、Hu Wei 和 Ding Zehong 来自中国热带农业科学院；Fahad Shah、Wang Huafeng、Shi Haitao 和 He Chaozu 来自海南大学。中文核心期刊发文量排名前二十的作者中，85%的作者来自中国热带农业科学院，发文量前二十的学者十年来基本上每年均保持较高质量成果的产出。在海南省农业科技领域中文核心期刊中，高合作节点作者排名前十的节点作者为张贺、易克贤、马蔚红、金志强、陈青、周汉林、刘国道、彭正强、符悦冠和黄洁，均来自中国热带农业科学院，通过节点作者的合作网络分析，发现其与海南大学的学者具有较为紧密的合作关系。

2013—2022年，中国海南省以共同发表论文的方式与104个国家展开交流合作。其中合作最为紧密的国家是美国与巴基斯坦。与美国合作的农业科技论文量居首，以美国佛罗里达大学为代表，通过与海南大学、华中农业大学、中国热带农业科学院、中国农业科学院、浙江大学等高校开展合作。海南省与美国各机构和高校合作的主要研究热点有作物生理生化、气候变化、转录组、遗传多样性、生物多样性。海南省与巴基斯坦的合作发文量仅次于美国，其中，海南大学、华中农业大学等高校密切联合巴基斯坦的哈里普尔大学、巴哈丁拉齐大学、巴基斯坦农业大学、费萨拉巴德农业大学等巴基斯坦科研机构展开合作交流。海南省与巴基斯坦各科研机构主要的合作热点有生物炭利用、粮食增产、植物光合作用与非生物胁迫等。

海南在农业基础研究领域非常注重热带高效特色农业——粮食作物、冬季瓜果蔬菜、热带作物、香料饮料、药用植物、渔业和畜牧业。在做优做强热带特色高效农业方面，海南当前正重点打造几大模块的热带农业"特色名片"，即打造国家南繁科研育种基地、打造国家冬季瓜菜生产基地、打造热带水果生产基地、打造热带作物生产基地、打造现代渔业生产基地、打造特色畜禽生产基地。海南省农业基础研究领域的文献集合中被高频报道的对象主要包括橡胶树、木薯、水稻、香蕉、油棕、红树林、玉米、杧果、番茄、沉香、棉花、小麦、大豆、胡椒、罗非鱼、椰子、荔枝、紫菜、甘蔗、烟草、油菜、龙血树、柱花草、剑麻、木麻黄等。其中橡胶树、木薯、水稻、香蕉、油棕的词频最为凸显，可以看出这5种热带作物是海南省农业领域的研究热点及研究重点。尤其是2013—2022年海南农业领域研究热点主要围绕着高频关键词"天然橡胶树""水稻""香蕉""木薯"等作物展开的"转录组"和"基因表达"等相关分析，并逐步扩展作物种质资源选育与遗传多样性分析、作物栽培与耕作研究、农林生态学研究、植物保护与防治研究、与植物和微生物有关的分子遗传及作用机理分析、动物营养与生理研究等多个方面。

2.4.2 存在问题及建议

海南省农业相关科研机构发展不均衡，海南大学发展迅猛，其他科研机构发展速度相对缓慢。海南大学、中国热带农业科学院和中国科学院总发文量远超过其他机构。2018年海南大学的SCI发文量和中文核心期刊发文量超过中国热带农业科学院，且其后几年的发文量均处于领先地位，尤其在2022年，海南大学SCI发文量出现激增的现象。中国热带农业科学院、中国科学院等机构SCI发文量始终平稳增长。针对这一发展不均衡问题，建议增强科技资源和研究力量的布局与投入，不断缩小各机构之间的差距。

海南与国际机构在农业科技方面合作发文量不高，国际合作有待加强。2013—2022年，与中国海南省合作发文的国家为104个，与中国海南省合作发文的国家中，美国以748篇农业科技相关文章居首，紧跟着的是巴基斯坦313篇、澳大利亚261篇、德国167篇、法国138篇、沙特阿拉伯125篇、英国125篇、加拿大115篇、日本110篇等。因此，海南省应巩固与美国和巴基斯坦在水稻、小麦等作物基础研究方面的合作，同时应该扩大合作范围，加强与法国、巴西、马来西亚等在热带作物基础研究领域贡献突出的国家之间的交流与合作。

六大特色模块的基础科学研究布局不均衡，存在明显长短板。六大特色模块中海南香料饮料和药用植物模块、海南现代渔业和特色畜禽、海南冬季瓜果蔬菜都是研究相对薄弱环节。海南农业基础研究更加侧重于热带水果、热带作物两大模块。同一模块中的发展也存在着明显的差距，例如，海南粮食作物基础研究领域中水稻出现的频次远高于小麦、玉米，说明海南省对小麦、大豆、玉米的基础研究虽有所侧重，但仍存在差距。因此，建议除了继续保持在热带水果、热带经济作物领域基础研究的优势以外，还应加大在南繁育种、冬季瓜果蔬菜、现代渔业和特色畜禽、香料饮料与药用植物等领域的基础研究投入，建立更合理的科研布局，不断缩小领域之间的研究差异。

参考文献

[1] 傅人意. 海南打造六大热带农业"特色名片"[J]. 海南日报, 2022-05-25（A05）.

[2] BAI Y, GUO J, REITER R J, et al. Melatonin synthesis enzymes interact with ascorbate peroxidase to protect against oxidative stress in cassava[J]. Journal of Experimental Botany, 2020, 71（18）: 5645-5655.

[3] ZENG H, BAI Y, WEI Y, et al. Phytomelatonin as a central molecule in plant disease resistance[J]. Journal of Experimental Botany, 2022, 73（17）: 5874-5885.

[4] CHEN D J, LANDIS J B, WANG H X, et al. Plastome structure, phylogenomic analyses and molecular dating of Arecaceae[J]. Frontiers in Plant Science, 2022, 13: 960588.

[5] HU L, XU Z, FAN R, et al. The complex genome and adaptive evolution of polyploid Chinese pepper (*Zanthoxylum armatum* and *Zanthoxylum bungeanum*)[J]. Plant Biotechnology Journal, 2022.

[6] XIAO Y, LUO Y, YANG Y, et al. Development of microsatellite markers in *Cocos nucifera* and their application in evaluating the level of genetic diversity of *Cocos nucifera*[J]. Plant Omics, 2013, 6（3）: 193-200.

[7] WU H, PAN Y, DI R, et al. Molecular identification of the powdery mildew fungus infecting rubber trees in China[J]. Forest Pathology, 2019, 49（5）: e12519.

[8] ZHU Z X, WANG J H, CAI Y C, et al. Complete plastome sequence of *Erythropalum scandens* (Erythropalaceae), an edible and medicinally important liana in China[J]. Mitochondrial DNA Part B-Resources, 2018, 3（1）: 139-140.

[9] ZHANG Y, HUANG Q, YIN G, et al. Genetic diversity of viruses associated with sugarcane mosaic disease of sugarcane inter-specific hybrids in China [J]. European Journal of Plant Pathology, 2015, 143 (2): 351-361.

[10] HU X, WEN G, CAO Y, et al. Metabolic and phylogenetic profiles of microbial communities from a mariculture base on the Chinese Guangdong coast [J]. Fisheries Science, 2017, 83 (3): 465-477.

[11] CHENG Z, YU X, LI S, et al. Genome-wide transcriptome analysis and identification of benzothiadiazole-induced genes and pathways potentially associated with defense response in banana [J]. BMC Genomics, 2018, 19: 454.

[12] LE L, GUO W, DU D, et al. A spatiotemporal transcriptomic network dynamically modulates stalk development in maize [J]. Plant Biotechnology Journal, 2022, 20 (12): 2313-2331.

[13] LI S, YU X, CHENG Z, et al. Global gene expression analysis reveals crosstalk between response mechanisms to cold and drought stresses in cassava seedlings [J]. Frontiers in Plant Science, 2017, 8: 1259.

[14] HUANG X, XU B, TAN S, et al. Transcriptome sequencing of agave angustifolia reveals conservation and diversification in the expression of cinnamyl alcohol dehydrogenase genes in agave species [J]. Agriculture-Basel, 2022, 12 (7): 1003.

[15] SUN Q H, MORALES-BRIONES D F, WANG H X, et al. Phylogenomic analyses of the East Asian endemic Abelia (Caprifoliaceae) shed insights into the temporal and spatial diversification history with widespread hybridization [J]. Annals of Botany, 2022, 129 (2): 201-216.

[16] LI S, ZOU F, ZHANG Q, et al. Species richness and guild composition in rubber plantations compared to secondary forest on Hainan Island, China [J]. Agroforestry Systems, 2013, 87 (5):

1117-1128.

[17] KHAN M A, BASIR A, FAHAD S, et al. Biochar optimizes wheat quality, yield, and nitrogen acquisition in low fertile calcareous soil treated with organic and mineral nitrogen fertilizers [J]. Frontiers in Plant Science, 2022, 13: 879788.

[18] ZHOU W, WANG T, FU Y, et al. Differences in rice productivity and growth attributes under different paddy-upland cropping systems [J]. International Journal of Plant Production, 2022, 16 (2): 299-312.

[19] ZHOU Y, LIU K, HARRISON M T, et al. Shifting rice cropping systems mitigates ecological footprints and enhances grain yield in central China [J]. Frontiers in Plant Science, 2022, 13: 895402.

[20] YANG R, LIU K, HARRISON M T, et al. How does crop rotation influence soil moisture, mineral nitrogen, and nitrogen use efficiency? [J]. Frontiers in Plant Science, 2022, 13: 854731.

[21] YANG R, WANG Z, FAHAD S, et al. Rice paddies reduce subsequent yields of wheat due to physical and chemical soil constraints [J]. Frontiers in Plant Science, 2022, 13: 959784.

[22] JIN Z, SHAH T, ZHANG L, et al. Effect of straw returning on soil organic carbon in rice-wheat rotation system: A review [J]. Food and Energy Security, 2020, 9 (2): e200.

[23] ALTAF M M, DIAO X, REHMAN A U, et al. Effect of vanadium on growth, photosynthesis, reactive oxygen species, antioxidant enzymes, and cell death of rice [J]. Journal of Soil Science and Plant Nutrition, 2020, 20 (4): 2643-2656.

[24] NAZ S, BILAL A, SADDIQ B, et al. Foliar application of salicylic acid improved growth, yield, quality and photosynthesis of pea (*Pisum sativum* L.) by improving antioxidant defense mechanism under saline conditions [J]. Sustainability, 2022, 14 (21): 14180.

[25] MEHMOOD S, AHMED W, RIZWAN M, et al. Comparative efficacy

of raw and HNO₃-modified biochar derived from rice straw on vanadium transformation and its uptake by rice (*Oryza sativa* L.): Insights from photosynthesis, antioxidative response, and gene-expression profile [J]. Environmental Pollution, 2021, 289: 117916.

[26] GAO H, JIN M, ZHENG X M, et al. Days to heading 7, a major quantitative locus determining photoperiod sensitivity and regional adaptation in rice [J]. Proceedings of the National Academy of Sciences of The United States of America, 2014, 111 (46): 16337-16342.

[27] SONG X, MENG X, GUO H, et al. Targeting a gene regulatory element enhances rice grain yield by decoupling panicle number and size [J]. Nature Biotechnology, 2022, 40 (9): 1403.

[28] PENG M, SHAHZAD R, GUL A, et al. Differentially evolved glucosyltransferases determine natural variation of rice flavone accumulation and UV-tolerance [J]. Nature Communications, 2017, 8: 1975.

[29] WANG L, CZEDIK-EYSENBERG A, MERTZ R A, et al. Comparative analyses of C-4 and C-3 photosynthesis in developing leaves of maize and rice [J]. Nature Biotechnology, 2014, 32 (11): 1158-1165.

[30] WU Y, FOX T W, TRIMNELL M R, et al. Development of a novel recessive genetic male sterility system for hybrid seed production in maize and other cross-pollinating crops [J]. Plant Biotechnology JournaL, 2016, 14 (3): 1046-1054.

[31] LIANG C, PINEROS M A, TIAN J, et al. Low pH, aluminum, and phosphorus coordinately regulate malate exudation through GmALMT1 to improve soybean adaptation to acid soils [J]. Plant Physiology, 2013, 161 (3): 1347-1361.

[32] DING Z, KHEIR A M S, ALI M G M, et al. The integrated effect of salinity, organic amendments, phosphorus fertilizers, and deficit irri-

gation on soil properties, phosphorus fractionation and wheat productivity [J]. Scientific Reports, 2020, 10 (1): 2736.

[33] DING Z, KHEIR A M S, ALI O A M, et al. A vermicompost and deep tillage system to improve saline-sodic soil quality and wheat productivity [J]. Journal of Environmental Management, 2021, 277: 111388.

[34] DING Z, ALI E F, ELMAHDY A M, et al. Modeling the combined impacts of deficit irrigation, rising temperature and compost application on wheat yield and water productivity [J]. Agricultural Water Management, 2021, 244: 106626.

[35] IZHAR SHAFI M, ADNAN M, FAHAD S, et al. Application of single superphosphate with humic acid improves the growth, yield and phosphorus uptake of wheat (*Triticum aestivum* L.) in Calcareous soil [J]. Agronomy-Basel, 2020, 10 (9): 1224.

[36] TENG W, ZHAO Y Y, ZHAO X Q, et al. Genome-wide identification, characterization, and expression analysis of PHT1 phosphate transporters in wheat [J]. Frontiers in Plant Science, 2017, 8: 543.

[37] CAO X, LUO Y, ZHOU Y, et al. Detection of powdery mildew in two winter wheat cultivars using canopy hyperspectral reflectance [J]. Crop Protection, 2013, 45: 124-131.

[38] ZHU G, WANG S, HUANG Z, et al. Rewiring of the fruit metabolome in tomato breeding [J]. CELL, 2018, 172 (1-2): 249.

[39] LIU H, YU C, LI H, et al. Overexpression of ShDHN, a dehydrin gene from *Solanum habrochaites* enhances tolerance to multiple abiotic stresses in tomato [J]. Plant Science, 2015, 231: 198-211.

[40] MUNIR S, LIU H, XING Y, et al. Overexpression of calmodulin-like (ShCML44) stress-responsive gene from *Solanum habrochaites* enhances tolerance to multiple abiotic stresses [J]. Scientific Reports, 2016, 6: 31772.

[41] ALI M, KAMRAN M, ABBASI G H, et al. Melatonin-induced salinity tolerance by ameliorating osmotic and oxidative stress in the seedlings of two tomato (*Solanum lycopersicum* L.) cultivars [J]. Journal of Plant Growth Regulation, 2021, 40 (5): 2236-2248.

[42] JAHAN M S, SHU S, WANG Y, et al. Melatonin pretreatment confers heat tolerance and repression of heat-induced senescence in tomato through the modulation of ABA- and GA-mediated pathways [J]. Frontiers in Plant Science, 2021, 12: 650955.

[43] FU L, PENTON C R, RUAN Y, et al. Inducing the rhizosphere microbiome by biofertilizer application to suppress banana Fusarium wilt disease [J]. Soil Biology & Biochemistry, 2017, 104: 39-48.

[44] SHEN Z, RUAN Y, CHAO X, et al. Rhizosphere microbial community manipulated by 2 years of consecutive biofertilizer application associated with banana Fusarium wilt disease suppression [J]. Biology and Fertility of Soils, 2015, 51 (5): 553-562.

[45] SHEN Z, ZHONG S, WANG Y, et al. Induced soil microbial suppression of banana Fusarium wilt disease using compost and biofertilizers to improve yield and quality [J]. European Journal of Soil Biology, 2013, 57: 1-8.

[46] WANG B, YUAN J, ZHANG J, et al. Effects of novel bioorganic fertilizer produced by *Bacillus amyloliquefaciens* W19 on antagonism of Fusarium wilt of banana [J]. Biology and Fertility of Soils, 2013, 49 (4): 435-446.

[47] XUE C, PENTON C R, SHEN Z, et al. Manipulating the banana rhizosphere microbiome for biological control of Panama disease [J]. Scientific Reports, 2015, 5: 11124.

[48] GUO L, HAN L, YANG L, et al. Genome and transcriptome analysis of the fungal pathogen *Fusarium oxysporum* f. sp cubense causing banana vascular wilt disease [J]. PLoS One, 2014, 9 (4): e95543.

[49] WANG L, HU W, TIE W, et al. The MAPKKK and MAPKK gene

families in banana: Identification, phylogeny and expression during development, ripening and abiotic stress [J]. Scientific Reports, 2017, 7: 1159.

[50] XU Y, HU W, LIU J, et al. A banana aquaporin gene, *MaPIP1;1*, is involved in tolerance to drought and salt stresses [J]. BMC Plant Biology, 2014, 14: 59.

[51] HU W, YANG H, TIE W, et al. Natural variation in banana varieties highlights the role of melatonin in postharvest ripening and quality [J]. Journal of Agricultural and Food Chemistry, 2017, 65 (46): 9987-9994.

[52] HU W, ZUO J, HOU X, et al. The auxin response factor gene family in banana: Genome – wide identification and expression analyses during development, ripening, and abiotic stress [J]. Frontiers in Plant Science, 2015, 6: 742.

[53] HU M, YANG D, HUBER D J, et al. Reduction of postharvest anthracnose and enhancement of disease resistance in ripening mango fruit by nitric oxide treatment [J]. Postharvest Biology and Technology, 2014, 97: 115-122.

[54] ZHANG Z, YANG D, YANG B, et al. beta-Aminobutyric acid induces resistance of mango fruit to postharvest anthracnose caused by *Colletotrichum gloeosporioides* and enhances activity of fruit defense mechanisms [J]. Scientia Horticulturae, 2013, 160: 78-84.

[55] XU X, LEI H, MA X, et al. Antifungal activity of 1-methylcyclopropene (1-MCP) against anthracnose (*Colletotrichum gloeosporioides*) in postharvest mango fruit and its possible mechanisms of action [J]. International Journal of Food Microbiology, 2017, 241: 1-6.

[56] ZHANG Y, ZHU K, HE S, et al. Characterizations of high purity starches isolated from five different jackfruit cultivars [J]. Food Hydrocolloids, 2016, 52: 785-794.

[57] XIAO Y, XU P, FAN H, et al. The genome draft of coconut (*Cocos*

nucifera)[J]. Gigascience, 2017, 6 (11).

[58] ZHANG Y, HUBER D J, HU M, et al. Delay of postharvest browning in litchi fruit by melatonin via the enhancing of antioxidative processes and oxidation repair [J]. Journal of Agricultural and Food Chemistry, 2018, 66 (28): 7475-7484.

[59] WANG T, HU M, YUAN D, et al. Melatonin alleviates pericarp browning in litchi fruit by regulating membrane lipid and energy metabolisms [J]. Postharvest Biology and Technology, 2020, 160: 111066.

[60] WANG B, LI R, RUAN Y, et al. Pineapple-banana rotation reduced the amount of *Fusarium oxysporum* more than maize-banana rotation mainly through modulating fungal communities [J]. Soil Biology & Biochemistry, 2015, 86: 77-86.

[61] TANG C, YANG M, FANG Y, et al. The rubber tree genome reveals new insights into rubber production and species adaptation [J]. Nature Plants, 2016, 2 (6): 16073.

[62] DUAN C, ARGOUT X, GEBELIN V, et al. Identification of the *Hevea brasiliensis* AP2/ERF superfamily by RNA sequencing [J]. BMC Genomics, 2013, 14: 30.

[63] ZHOU Y J, LI J H, FRIEDMAN C R, et al. Variation of soil bacterial communities in a chronosequence of rubber tree (*Hevea brasiliensis*) plantations [J]. Frontiers in Plant Science, 2017, 8: 849.

[64] ZHAO P, LIU P, SHAO J, et al. Analysis of different strategies adapted by two cassava cultivars in response to drought stress: Ensuring survival or continuing growth [J]. Journal of Experimental Botany, 2015, 66 (5): 1477-1488.

[65] LI S, YU X, LEI N, et al. Genome-wide identification and functional prediction of cold and/or drought-responsive lncRNAs in cassava [J]. Scientific Reports, 2017, 7: 45981.

[66] WANG W, FENG B, XIAO J, et al. Cassava genome from a wild an-

cestor to cultivated varieties [J]. Nature Communications, 2014, 5: 5110.

[67] ZHAO Q, XIONG W, XING Y, et al. Long-term coffee monoculture alters soil chemical properties and microbial communities [J]. Scientific Reports, 2018, 8: 6116.

[68] DONG W, TAN L, ZHAO J, et al. Characterization of fatty acid, amino acid and volatile compound compositions and bioactive components of seven coffee (*Coffea robusta*) cultivars grown in hainan province, China [J]. Molecules, 2015, 20 (9): 16687-16708.

[69] XIONG W, LI Z, LIU H, et al. The effect of long-term continuous cropping of black pepper on soil bacterial communities as determined by 454 pyrosequencing [J]. PLoS One, 2015, 10 (8): e0136946.

[70] HU L, XU Z, WANG M, et al. The chromosome-scale reference genome of black pepper provides insight into piperine biosynthesis [J]. Nature Communications, 2019, 10: 4702.

[71] ZOU L, HU Y Y, CHEN W X. Antibacterial mechanism and activities of black pepper chloroform extract [J]. Journal of Food Science and Technology-Mysore, 2015, 52 (12): 8196-8203.

[72] LIU Y, CHEN H, YANG Y, et al. Whole-tree agarwood-inducing technique: An efficient novel technique for producing high-quality agarwood in cultivated *Aquilaria sinensis* trees [J]. Molecules, 2013, 18 (3): 3086-3106.

[73] XU Y, ZHANG Z, WANG M, et al. Identification of genes related to agarwood formation: Transcriptome analysis of healthy and wounded tissues of *Aquilaria sinensis* [J]. BMC Genomics, 2013, 14: 227.

[74] WANG S, YU Z, WANG C, et al. Chemical constituents and pharmacological activity of agarwood and aquilaria plants [J]. Molecules, 2018, 23 (2): 342.

[75] CHEN Z, SUN L, LIU P, et al. Malate synthesis and secretion mediated by a manganese-enhanced malate dehydrogenase confers

superior manganese tolerance in *Stylosanthes guianensis* [J]. Plant Physiology, 2015, 167 (1): 176.

[76] LI C, QIU F, DING L, et al. Anthocyanin biosynthesis regulation of DhMYB2 and DhbHLH1 in *Dendrobium* hybrids petals [J]. Plant Physiology and Biochemistry, 2017, 112: 335-345.

[77] LI M, WANG X, QI C, et al. Metabolic response of *Nile tilapia* (*Oreochromis niloticus*) to acute and chronic hypoxia stress [J]. Aquaculture, 2018, 495: 187-195.

[78] LI Y, WEI L, CAO J, et al. Oxidative stress, DNA damage and antioxidant enzyme activities in the pacific white shrimp (*Litopenaeus vannarnei*) when exposed to hypoxia and reoxygenation [J]. Chemosphere, 2016, 144: 234-240.

[79] WEI J, ZHANG X, YU Y, et al. Comparative transcriptomic characterization of the early development in pacific white shrimp *Litopenaeus vannamei* [J]. PLoS One, 2014, 9 (9): e106201.

[80] SHI J, FU M, ZHAO C, et al. Characterization and function analysis of Hsp60 and Hsp10 under different acute stresses in black tiger shrimp, *Penaeus monodon* [J]. Cell Stress & Chaperones, 2016, 21 (2): 295-312.

[81] SHI Y, YU C, GU Z, et al. Characterization of the pearl oyster (*Pinctada martensii*) mantle transcriptome unravels biomineralization genes [J]. Marine Biotechnology, 2013, 15 (2): 175-187.

[82] LIU H, ZHENG H, ZHANG H, et al. A de novo transcriptome of the noble scallop, *Chlamys nobilis*, focusing on mining transcripts for carotenoid-based coloration [J]. BMC Genomics, 2015, 16: 44.

[83] 廖宇兰, 刘世豪, 孙佑攀, 等. 基于灵敏度分析的木薯收获机机架结构优化设计 [J]. 农业机械学报, 2013, 44 (12): 56-61.

[84] 赵超, 王海燕, 刘美珍, 等. 干旱胁迫下木薯茎秆可溶性糖、淀粉及相关酶的代谢规律 [J]. 植物生理学报, 2017, 53 (5): 795-806.

[85] 安飞飞, 凡杰, 李庚虎, 等. 华南8号木薯及其四倍体诱导株系叶片蛋白质组及叶绿素荧光差异分析 [J]. 中国农业科学, 2013, 46 (19): 3978-3987.

[86] 薛欣欣, 吴小平, 张永发, 等. 控失尿素对稻田氨挥发、氮素转运及利用效率的影响 [J]. 应用生态学报, 2018, 29 (1): 133-140.

[87] 贾士荣, 袁潜华, 王丰, 等. 转基因水稻基因飘流研究十年回顾 [J]. 中国农业科学, 2014, 47 (1): 1-10.

[88] 俞寅达, 孙娴珺, 夏志辉. 水稻纹枯病生物防控研究进展 [J]. 分子植物育种, 2019, 17 (2): 600-605.

[89] 李玉影, 刘双全, 姬景红, 等. 玉米平衡施肥对产量、养分平衡系数及肥料利用率的影响 [J]. 玉米科学, 2013, 21 (3): 120-130.

[90] 胡春花, 张吉贞, 孟卫东, 等. 不同栽培措施对青贮玉米产量和营养品质的影响 [J]. 热带作物学报, 2015, 36 (5): 847-853.

[91] 索龙, 潘凤娥, 胡俊鹏, 等. 秸秆及生物质炭对砖红壤酸度及交换性能的影响 [J]. 土壤, 2015, 47 (6): 1157-1162.

[92] 杨娟, 姜阳明, 周芳, 等. PEG模拟干旱胁迫对不同抗旱性玉米品种苗期形态与生理特性的影响 [J]. 作物杂志, 2021 (1): 82-89.

[93] 马翠花, 张学平, 李育涛, 等. 基于显著性检测与改进Hough变换方法识别未成熟番茄 [J]. 农业工程学报, 2016, 32 (14): 219-226.

[94] 范咏梅, 童晓立, 高良举, 等. 普通大蓟马在海南豇豆上的空间分布型 [J]. 环境昆虫学报, 2013, 35 (6): 737-743.

[95] 唐良德, 梁延坡, 韩云, 等. 海南豇豆蓟马发生为害调查及蓝板监测技术研究 [J]. 中国植保导刊, 2015, 35 (3): 53-57.

[96] 唐良德, 付步礼, 邱海燕, 等. 豆大蓟马对12种杀虫剂的敏感性测定 [J]. 热带作物学报, 2015, 36 (3): 570-574.

[97] 唐良德, 王晓双, 赵海燕, 等. 大草蛉幼虫捕食豆大蓟马和豆蚜

的功能反应及生长发育［J］．中国生物防治学报，2017，33（1）：49-55．

［98］ 田丽波，商桑，杨衍，等．苦瓜叶片结构与白粉病抗性的关系［J］．西北植物学报，2013，33（10）：2010-2015．

［99］ 李威，肖熙鸥，吕玲玲．高温胁迫下茄子耐热性表现及耐热指标的筛选［J］．热带作物学报，2015，36（6）：1142-1146．

［100］ 杨光华，范荣，杨小锋，等．甜瓜果实颜色3个质量性状基因的定位［J］．园艺学报，2014，41（5）：898-906．

［101］ 侯伟，孙爱花，杨福孙，等．低温弱光对西瓜幼苗光合作用和抗氧化酶活性的影响［J］．热带作物学报，2015，36（7）：1232-1237．

［102］ 侯伟，孙爱花，杨福孙，等．低温胁迫对西瓜幼苗光合作用与叶绿素荧光特性的影响［J］．广东农业科学，2014，41（13）：35-39．

［103］ 钟书堂，沈宗专，孙逸飞，等．生物有机肥对连作蕉园香蕉生产和土壤可培养微生物区系的影响［J］．应用生态学报，2015，26（2）：481-489．

［104］ 黄新琦，温腾，孟磊，等．土壤快速强烈还原对于尖孢镰刀菌的抑制作用［J］．生态学报，2014，34（16）：4526-4534．

［105］ 辛侃，赵娜，邓小垦，等．香蕉—水稻轮作联合添加有机物料防控香蕉枯萎病研究［J］．植物保护，2014，40（6）：36-41．

［106］ 张喜瑞，甘声豹，郑侃，等．滚割喂入式卧轴甩刀香蕉假茎粉碎还田机设计与试验［J］．农业工程学报，2015，31（4）：33-41．

［107］ 李华东，白亭玉，郑妍，等．土壤施钙对芒果果实钾、钙、镁含量及品质的影响［J］．中国土壤与肥料，2014（6）：76-80．

［108］ 臧小平，周兆禧，林兴娥，等．不同用量有机肥对芒果果实品质及土壤肥力的影响［J］．中国土壤与肥料，2016（1）：98-101．

［109］ 弓德强，谷会，张鲁斌，等．杧果采前喷施茉莉酸甲酯对其抗病性和采后品质的影响［J］．园艺学报，2013，40（1）：49-57．

［110］ 严程明，张江周，石伟琦，等．滴灌施肥对菠萝产量、品质及经

济效益的影响[J]. 植物营养与肥料学报, 2014, 20（2）: 496-502.

[111] 张鲁斌, 贾志伟, 谷会. 适宜1-MCP处理保持采后菠萝常温贮藏品质[J]. 农业工程学报, 2016, 32（4）: 290-295.

[112] 田新民, 李洪立, 何云, 等. 火龙果研究现状[J]. 北方园艺, 2015（18）: 188-193.

[113] 刘少军, 周广胜, 房世波. 中国橡胶树种植气候适宜性区划[J]. 中国农业科学, 2015, 48（12）: 2335-2345.

[114] 郭澎涛, 李茂芬, 罗微, 等. 基于多源环境变量和随机森林的橡胶园土壤全氮含量预测[J]. 农业工程学报, 2015, 31（5）: 194-202.

[115] 唐文, 梁艳琼, 许沛冬, 等. 枯草芽孢杆菌Czk1诱导橡胶树抗病性相关防御酶系研究[J]. 南方农业学报, 2016, 47（4）: 576-582.

[116] 王娟, 兰玉彬, 姚伟祥, 等. 单旋翼无人机作业高度对槟榔雾滴沉积分布与飘移影响[J]. 农业机械学报, 2019, 50（7）: 109-119.

[117] 李后魂, 尹艾荟, 蔡波, 等. 重要入侵害虫: 椰子木蛾的分类地位和形态特征研究（鳞翅目, 木蛾科）[J]. 应用昆虫学报, 2014, 51（1）: 283-291.

[118] 李茂, 字学娟, 白昌军, 等. 不同生长高度王草瘤胃降解特性研究[J]. 畜牧兽医学报, 2015, 46（10）: 1806-1815.

[119] 李茂, 字学娟, 吕仁龙, 等. 添加乳酸菌和纤维素酶对王草青贮品质和瘤胃降解率的影响[J]. 中国畜牧杂志, 2020, 56（7）: 161-165.

[120] 李小容, 韦金玉, 陈云, 等. 海南岛不同林龄的木麻黄林地土壤微生物的功能多样性[J]. 植物生态学报, 2014, 38（6）: 608-618.

[121] 黄俊卿, 魏建和, 张争, 等. 沉香结香方法的历史记载、现代研究及通体结香技术[J]. 中国中药杂志, 2013, 38（3）:

302-306.

[122] 谢静,许环映,吴建涛,等. 栽培基质对铁皮石斛生长的影响[J]. 热带作物学报, 2017, 38 (1): 28-32.

[123] 杨勋,郝宗娣,张森,等. 营养元素和 pH 对若夫小球藻生长和油脂积累的影响[J]. 南方水产科学, 2013, 9 (4): 33-38.

[124] 马军,侯萍,陈燕,等. 几种海藻多糖抗氧化活性及体外抗脂质过氧化作用的研究[J]. 南方水产科学, 2017, 13 (6): 97-104.

[125] 罗鸣,陈傅晓,刘龙龙,等. 我国石斑鱼养殖疾病的研究进展[J]. 水产科学, 2013, 32 (9): 549-554.

[126] 李聪,蔡岩,周永灿,等. 海南罗非鱼致病性维氏气单胞菌分离鉴定及药敏特性研究[J]. 水产科学, 2015, 34 (10): 640-646.

[127] 杨宁,黄海,张希,等. 尼罗罗非鱼嗜水气单胞菌病的病原分离鉴定和药敏试验[J]. 水产科学, 2014, 33 (5): 306-310.

[128] 侯新远,祝斐,张丽娟,等. 基于线粒体 D-loop 基因序列研究我国 5 种虾虎鱼类的系统进化关系[J]. 海洋渔业, 2013, 35 (1): 1-7.

[129] 余梵冬,顾党恩,佟延南,等. 基于鱼类多样性与生物完整性的海南岛南渡江河流健康评价[J]. 生态学杂志, 2018, 37 (9): 2717-2726.

[130] 李玉虎,宋芹芹,张志怀,等. 凡纳滨对虾生长发育规律及生长曲线拟合研究[J]. 南方水产科学, 2015, 11 (1): 89-95.

[131] 陈石泉,王道儒,吴钟解,等. 海南岛东海岸海草床近 10a 变化趋势探讨[J]. 海洋环境科学, 2015, 34 (1): 48-53.

[132] 石建高,余雯雯,赵奎,等. 海水网箱网衣防污技术的研究进展[J]. 水产学报, 2021, 45 (3): 472-485.

[133] 曹启民,张永北,宋绍红,等. 灵芝菌糠发酵饲料对育肥猪生产性能的影响[J]. 中国饲料, 2013 (9): 39-41.

[134] 王定发,周璐丽,李茂,等. 不同营养水平日粮对海南黑山羊肥

育羔羊生长性能和器官指数的影响［J］. 中国畜牧兽医, 2013, 40（2）: 62-66.

［135］周雄, 周璐丽, 王定发, 等. 日粮中青贮甘蔗尾叶替代不同比例王草对海南黑山羊生长性能、养分表观消化率及血清生化指标的影响［J］. 中国畜牧兽医, 2015, 42（6）: 1443-1448.

［136］胡琳, 王定发, 李韦, 等. 日粮中添加不同比例木薯茎叶对海南黑山羊生长性能、血清生化指标和养分表观消化率的影响［J］. 中国畜牧兽医, 2016, 43（12）: 3193-3199.

［137］施力光, 彭维祺, 胡海超, 等. 持续性环境热应激对公羊血液生化指标、生殖激素及精液品质的影响［J］. 家畜生态学报, 2018, 39（3）: 53-57.

［138］施力光, 周雄, 荀文娟, 等. 补饲硒和维生素 E 对高温季节山羊精液品质、抗氧化酶活性及热休克蛋白表达的影响［J］. 中国畜牧兽医, 2016, 43（1）: 101-107.

［139］王飞, 李笑春, 吴科榜. 霸王鸡生长曲线拟合及体重与体尺的相关性分析［J］. 南方农业学报, 2014, 45（5）: 870-874.

［140］林厦菁, 蒋守群, 林哲敏, 等. 大豆异黄酮和抗生素对文昌鸡生长性能、肉品质和血浆抗氧化指标的影响［J］. 华南农业大学学报, 2018, 39（1）: 1-6.

［141］刘圈炜, 顾丽红, 邢漫萍, 等. 复合酸化剂对热应激文昌鸡生长性能及血清生化指标的影响［J］. 中国家禽, 2018, 40（10）: 27-30.

［142］李茂, 字学娟, 徐铁山, 等. 木薯叶粉对鹅生长性能和血液生理生化指标的影响［J］. 动物营养学报, 2016, 28（10）: 3168-3174.

第3章

海南省农业核心科研机构竞争力分析

3.1 概述

3.1.1 研究目的和意义

新时期,如何抓住海南自贸港建设契机,用足用好自贸港政策的同时充分利用海南省独特的自然资源,发挥科技创新能力,做强做优热带特色高效农业是当前迫切需要解决的问题。深入分析提升科技竞争力的重要因素,了解海南省农业科研机构的科研水平,剖析海南省农业科技竞争力的整体布局现状,有利于发挥海南省农业科研机构的科研能动性和科技创新优势,提高农业核心科研机构的创新能力及自主研发能力,加快科技创新发展;还有利于辅助海南省科技管理部门制定合理的创新体系发展规划,以现有资源有效支持和推进海南省农业科技创新工作。

实践证明,只有不断提高热带农业科学技术水平,加强科技创新,才能实现热带农业的优质高效发展。为推动海南热带特色农业科技发展,以科技进步振兴热带农业产业,让热带农业发展能更好地服务国家粮食安全、服务乡村振兴和生态文明建设,有必要全面深入地了解海南省农业核心科研机构的科研实力,分析其科研竞争力,由此对海南省热带农业的科技发展进行部署,抢占科技创新高地,用高质量发展推进海南自贸港建设,探索出海南的特色发展之路。本研究紧紧围绕中共中央关于农业科技创新,建设农业强国和科技强国的决策部署,基于 Science Citation Index Expanded 和中国知网(CNKI)的论文数据库以及 incoPat 专利数据库开展统计分析,围绕海南省农业核心科研机构农业领域学科 2013—2022 年科技论文和专利产出,着力于科技论文竞争力指数体系和专利竞争力指标体系两个层面,从科研生产力、科研影响力、科研卓越力、科技合作力、技术生产力、技术影响力、技术认可力和技术保护力 8 个维度，对中国热带农业科学院、海南大学、海南热带海洋学院、海南省农业科学院、海南省林业科学研究院、海南省农垦科学院集团有限公司和三亚市南繁科学技术研究院 7 家海南省农业核心科研机构的科技竞争力进行了深入的分析与评价。力求做到"用数据支撑，以事实说话"，客观揭示海南省农业核心机构的科研实力、优势、劣势与差距，为提高海南省农业科技竞争力的主要思路和对策，找准海南省自身定位、发挥区位和资源优势，完善海南省特色热带农业科技创新体系和政策体系提供参考依据，为赢得在科技和产业发展中的主动权，实现海南农业科技发展和崛起作出贡献。

3.1.2 研究方法概述

3.1.2.1 技术路线

本研究以科学引文索引扩展版数据库（SCI-E）、中国知网（CNKI）数据库、incoPat 数据库以及 InCites 和 ESI 系统等为数据源，检索获得海南省农业核心科研机构农业领域学科的期刊论文数据和专利数据，主要借助于 Excel、COOC、CiteSpace 和 VOSviewer 等工具，综合利用文献计量、专利计量、知识图谱等方法，针对海南省农业核心科研机构在农业领域的科技论文竞争力和专利竞争力进行深入研究和可视化展示，深入分析了国际、国内基础研究的生产力、影响力、卓越力和合作力，以及创新技术的生产力、影响力和认可力，剖析海南省农业核心科研机构农业领域科学研究的优势与不足，为海南省热带农业科研创新布局和产业振兴发展提供科技情报支撑。主要包括：确定研究对象、构建数据集、数据分析—技术创新态势、数据解读与报告撰写，技术路线如图 3-1 所示。

（1）确定研究对象。通过文献调研、专家访谈、网络调研等方式对海南省农业核心科研机构进行了筛选，明确了本研究的具体研究对象。2019 年以来三亚崖州湾科技城陆续引进落户了中国农业科学院国家南繁研究院、三亚南京农业大学研究院、中国海洋大学三亚海洋研究院和三亚华大生命科学研究院等国内 40 多家企事业科研机构，但因其入驻成立时间较短未列入本次研究。

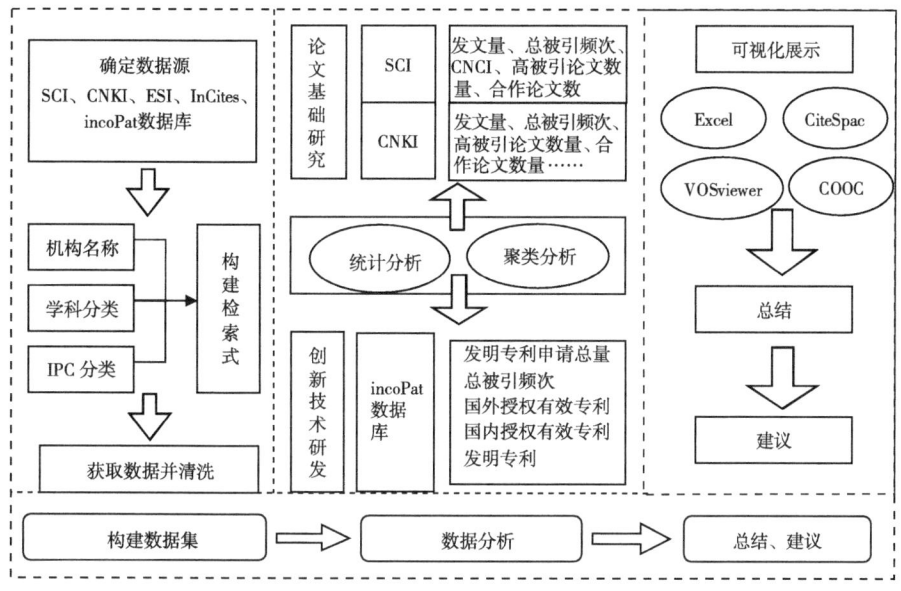

图 3-1 技术路线

（2）构建数据集。依托 CNKI、SCI、incoPat 等数据库和 InCites、ESI 系统，根据海南省农业核心科研机构集合构建检索式，通过机构全称、简称、曾用名、学科、IPO 分类等限定及人工判断的方法构建海南省农业核心科研机构农业领域论文及专利数据集；借助于 Excel 和 COOC 等软件工具对国家、机构、学者、关键词、学科等数据进行清洗和结构化处理，构建研究所需的数据集。

（3）竞争力分析。以海南省农业核心科研机构发表的科研论文和专利成果为研究对象，采用数学、统计学等计量方法，研究文献的数量关系、分布、变化规律和定量关系，分析科研生产力、科研影响力、科研卓越力、科研合作力、机构技术生产力、机构技术影响力和机构技术认可力等机构科技竞争力指标。

（4）提出对策建议。基于数据分析过程的指标数据和可视化图表，结合海南省农业核心科研机构在农业领域的科研实际情况，对数据分析的结果进行解读，并总结提炼关键的结论。在研究分析的基础上，针对海南省充分利用自贸港建设契机和地域物候优势，提出对策与建议。

3.1.2.2 数据集构建

检索式构建

本研究以海南省农业科研机构为研究对象，通过对海南省农业科研机构建设、科研项目资助和科技成果产出等情况进行梳理，筛选出海南省农业领域的核心科研机构7家，分别为中国热带农业科学院、海南大学、海南热带海洋学院、海南省农业科学院、海南省林业科学研究院、海南省农垦科学院集团有限公司和三亚市南繁科学技术研究院。在此基础上，外文科技论文检索以WOS学科类别作为精练条件，筛选出与农业领域相关的24个分类：植物科学；农学；农业、制奶业和动物科学；农业工程；农业、多学科；园艺；渔业；林业；食品科学与技术；生物学；生物技术与应用微生物学；生物化学与分子生物学；生物多样性保护；基因和遗传学；生态；环境科学；昆虫学；兽医科学；动物学；土壤科学；多学科；微生物学；真菌学；海洋淡水生物。中文科技论文检索根据CAJD产品的专辑专题分类，筛选出与农业领域相关的10个专题分类：农业基础科学、农业工程、农艺学、植物保护、农作物、园艺、林业、畜牧与动物医学、蚕蜂与野生动物保护、水产和渔业。专利检索以国际专利分类（IPC）作为精练条件，筛选出与农业领域相关的6个部。A分部：农业；B分部：分离、混合；C分部：化学；D分部：纺织或未列入其他类的柔性材料；F分部：发动机或泵；G分部：仪器。通过对各机构的曾用名、简称、缩写及下属机构的中英文名称进行梳理和完善，构建海南省农业科研机构农业领域的关键词集合。根据关键词集合构建检索式，具体检索式如下。

AF =（Chinese Academy of Tropical Agricultural Sciences or CATAS or Chinese Acad Trop Agr Sci or Hainan Institute of Tropical Agricultural Resources or Hainan Inst Trop Agr Resources）OR（Hainan University or Hainan Univ）OR（Hainan Tropical Ocean University or Hainan Trop Ocean Univ or Qiongzhou University or Qiongzhou univ or Hainan Academy of Marine and Fishery Sciences or Hainan Acad Marine Fishery Sci or Hainan Acad Ocean & Fisheries Sci）OR（Hainan Academy of Agricultural Science or Hainan Acad Agr Sci）OR（Hainan Academy of Forestry or Hainan Academy of Mangrove or Hainan Acad Mangrove or Hainan Acad Forestry or Forestry Res Inst Hainan Prov or Forestry bur Hainan

Prov or Forestry dept Hainan Prov or Hainan Forestry res inst) OR (Hainan Agricultural Reclamation or Hainan Agr Reclamat Acad Sci or Hainan Agr Rec * or Hainan Agricultural Reclamation Center Test station or Hainan Institute of Agricultural Science or Hainan Inst Agr Sci) OR (Sanya Nanfan Science and Technology Research Institute or Sanya Nanfan Sci Technol Res Inst)

WC = WOS Categories = Plant Sciences OR Agronomy OR Agriculture Dairy Animal Science OR Agricultural Engineering OR Agriculture Multidisciplinary OR Horticulture OR Fisheries OR Forestry OR Food Science Technology OR Biology OR Biotechnology Applied Microbiology OR Biochemistry Molecular Biology OR Biodiversity Conservation OR Genetics Heredity OR Ecology OR Environmental Sciences OR Entomology OR Veterinary Sciences OR Zoology OR Soil Science OR Multidisciplinary Sciences OR Microbiology OR Mycology OR Marine Freshwater Biology

机构=（中国热带农业科学院 or 海南热带农业资源研究院）OR 海南大学 OR（海南热带海洋学院 or 琼州学院 or 海南民族师范学校 or 海南省海洋与渔业科学院）OR（海南省农业科学院 or 海南省农业科学研究院 or 国家水稻改良中心海口分中心 or 国家现代农业产业体系综合试验站 or 国家农产品加工技术研发中心热带水果加工专业分中心 or 国家级农作物品种区域试验站 or 农业农村部科学观测试验站）OR（海南省林业科学研究院 or 海南省红树林研究院 or 海南省林业科学研究所 or 海南省枫木实验林场 or 海南省林业科学技术推广中心 or 海南文昌森林生态系统国家定位观测研究站 or（海南省院士工作站 and 林业）or 海南省热带林业资源监测与应用重点实验室 or 海南省热带林业工程技术研究中心 or 林产品质量检验检测中心 or 海南省林业有害生物检验检疫实验中心 or 海口市湿地保护开发工程技术研究中心 or 森林资源研究所 or 林业碳汇研究中心 or 林业研究所 or 森林保育研究所 or 森林生态研究所 or 林业高新技术研究所 or 热带林业经济研究所 or 林产品质量检验检测中心 or 林业科技发展中心）OR（海南省农垦科学院集团有限公司 or 海南省农垦科学院 or 海南农垦 or 海南省农垦 or 海南省农垦中心测试站 or 海南省农垦农业科学研究所 or 海南省农垦橡胶研究所 or 海南省保亭热带作物研究所 or 文昌橡胶研究所分公司 or 保亭热带作物研究所分公司

or 海垦农业科学研究所分公司 or 海南农垦科技发展有限公司 or 海南兴农艺园林工程有限责任公司 or 海南兴农源农业科技开发有限公司 or 海南兴农科实业有限公司) OR (海南省三亚市南繁科学技术研究院 or 三亚市南繁科学技术研究院 or 三亚市农业生物技术研究发展中心 or 三亚市热带瓜果研究中心 or 三亚市科学技术情报研究所 or 三亚市科学技术服务中心 or 海南省热带设施农业工程技术研究中心 or 南繁育种海南省工程实验室 or 国家863计划杂交水稻与转基因植物海南研究开发基地)

学科=农业学 or 农艺学 or 农业工程 or 农业经济 or 农作物 or 园艺 or 植物保护 or 生物学 or 农业基础科学 or 畜牧与动物医学 or 林业 or 环境科学与资源利用 or 生态学 or 水产和渔业 or 海洋学 or 化工 or 化学 or 有机化学

IPC = A or B or C or D or F or G

数据获取

论文方面,本研究选择 Web of Science 的科学引文索引及科学引文索引扩展版(Science Citation Index Expanded,SCI - E) 数据库和中国知网(China National Knowledge Infrastructure,CNKI) 数据库作为海南省农业核心机构农业领域竞争力分析的数据源,该数据库具有全面性、准确性、可获取性等方面的优势。检索 SCI 数据库,限定文献类型为 Article 和 Review,限定的研究方向为农学、植物科学、林业和渔业等24个学科;检索 CNKI 数据库,限定文献类型为中文学术期刊研究论文,限定的研究方向为农业基础科学、植物保护、林业、水产和渔业等10个学科;两个数据库检索的限定时间范围均为2013年1月1日至2022年12月31日。经过人工对文献的标题和摘要的判断、筛选与清洗,最终获取21 995篇文献为最终的论文数据集,其中,英文文献7 443篇,中文文献14 552篇。

专利方面,本研究选择了 incoPat 数据库作为海南省农业核心机构农业领域科研生产力分析的数据源,该数据库具有专利收录完整、检索便利等方面的优势。检索限定的专利类型为发明专利和实用新型专利,限定的 IPC 主分类号为 A、B、C、D、F、G 6个部,限定的时间范围为2013年1月1日至2022年12月31日,经过人工对文献的标题和摘要的判断、筛选与清洗,最终确定10 887件专利作为最终的专利数据集。

3.1.2.3 评价指标体系

科技论文竞争力评价指标体系

本研究在科技论文竞争力指数①的基础上,结合本研究实际情况,确定了适合本研究的机构科研论文竞争力指标体系,利用该指标体系衡量科技论文研究活跃度的综合评估指标,在设计中着重考虑了科技论文的产出能力、科技论文的影响力、高质量论文产出能力以及科技论文国际合作研究能力4个维度,并分别采用科研生产力、科研影响力、科研卓越力和科研合作力4个指标来表征,指标评价分析的底层数据为科技论文数据。科技论文竞争力指数指标体系如图3-2所示。

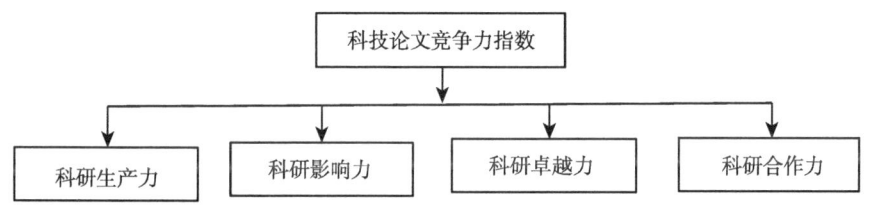

图 3-2 科技论文竞争力指数指标体系

本研究从农业领域分析海南省核心农业科研教学机构的科技论文竞争力,揭示7家海南农业科研教学机构在农业领域相关学科的科技论文基础研究的科技创新活跃程度。机构科技论文竞争力指数是对机构的论文成果产出规模、产出影响力、产出质量和合作研究情况的综合评估。由机构科研生产力、机构科研影响力、机构科研卓越力和机构科研合作力4个二级指标构成,分别通过计算发文量、总被引频次、篇均被引、高被引论文量、合作论文数量的归一化值来获取,其底层数据是科技论文数据和专利数据。具体指标内容(表3-1)及计算方式如下。

(1)一级指标计算方法。科技论文竞争力指数具体计算方法如下:

科技论文竞争力得分=机构科研生产力得分+机构科研影响力得分+机构科研卓越力得分+机构科研合作力得分

---

① 数据来源于农业农村部科技专项研究报告中国农业科学院农业智库报告。

表 3-1　机构科技论文竞争力指数体系及内容构成

一级指标	二级指标	二级指标构成
科技论文竞争力指数	机构科研生产力	发文量
	机构科研影响力	总被引频次
	机构科研卓越力	高被引论文量
	机构科研合作力	合作论文量

科技论文竞争力指数，其得分通过计算4个二级指标得分加和后归一化获得。

（2）二级指标计算方法。机构科研生产力得分是通过计算目标分析机构集合内某段时间一个机构在特定条件下发表的外文科技论文（SCI 论文）和中文科技论文（CNKI 论文）数量的归一化值获取，用于揭示机构的相对科技论文成果产出能力。

机构科研影响力得分是通过计算目标分析机构集合内某段时间 SCI 论文和 CNKI 论文的总被引频次的归一化值得出，用于揭示机构的相对科技学术成果产出的影响力。

机构科研卓越力得分是通过计算目标分析机构集合内某段时间发表的 SCI 论文和 CNKI 论文高被引论文数量的归一化值得出，即以高被引论文成果的储备量来考察一个机构科研水平的卓越程度。

机构科研合作力得分是通过计算目标分析机构集合内某段时间与其他机构（包括国内机构和国外机构）合作发表论文量的归一化值得出，用于反映一个机构科技论文合作研究的活跃程度。

<u>科技论文竞争力评价指标说明</u>

对机构科技论文竞争力分析中发文量、总被引频次、篇均被引、高被引论文量、合作论文数量等主要指标构成，进行详细说明（表 3-2）。

表 3-2　机构科技论文竞争力主要指标说明

指标构成	说明
发文量	被 SCI 数据库收录的论文数量，论文类型为研究论文和综述论文；被 CNKI 数据库收录的论文数量，论文类型为研究论文和综述论文

(续表)

指标构成	说明
总被引频次	SCI 论文的被引用频次,以及 CNKI 论文的被引用频次
高被引论文量	高于特定机构 SCI 论文和 CNKI 论文总被引基线的论文
合作论文量	包含一位或多位其他机构共同作者的 SCI 论文和 CNKI 论文

本研究还采用了若干描述性指标对学术质量进行多角度辅助说明,这些指标分别为:第一作者或通讯作者发文量、被引论文数量、Q1 期刊发文量、中文核心期刊论文发文量、国家学科规范化引文影响力(CNCI)等。

专利竞争力评价指标体系

本研究在专利竞争力指数①的基础上,结合本研究实际情况,确定了适合本研究的机构专利竞争力指标体系,利用该指标体系衡量专利研究活跃度的综合评估指标,在设计中着重考虑了专利的产出能力、专利的影响力、专利的认可度以及专利的保护能力 4 个维度,并分别采用技术生产力、技术影响力、技术认可力和技术保护力 4 个指标来表征,指标评价分析的底层数据为专利数据。专利竞争力指数指标体系如图 3-3 所示。

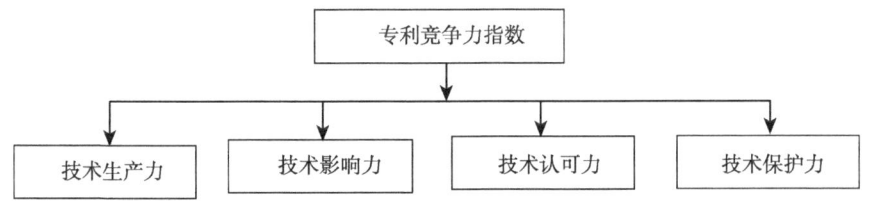

图 3-3 机构专利指数指标体系

本研究从农业领域分析海南省核心农业科研教学机构的专利竞争力,揭示 7 家海南农业科研教学机构在农业领域的专利基础研究的科技创新活跃程度。机构专利竞争力指数是对机构技术竞争实力的综合评估指标。由技术生产力、技术影响力、技术认可力和技术保护力 4 个指标构成,并分别通过专利申请量、总被引频次、发明专利授权率、国际专利数量的归一化值

---

① 数据来源于农业农村部科技专项研究报告中国农业科学院农业智库报告。

来获取，其底层数据是专利数据。具体指标内容构成（表3-3）及计算方式如下。

表3-3　机构专利竞争力指数体系及内容构成

一级指标	二级指标	二级指标构成
机构专利竞争力指数	机构技术生产力	专利申请量
	机构技术影响力	发明专利被引次数
	机构技术认可力	发明专利授权率
	机构技术保护力	国际专利数量

（1）一级指标计算方法。机构专利竞争力指数具体计算方法如下：

机构专利竞争力得分=机构技术生产力得分+机构技术影响力得分+机构技术认可力得分+机构技术保护力得分

机构专利竞争力指数，其得分通过计算4个二级指标得分加和后归一化获得。

（2）二级指标计算方法。机构技术生产力得分是通过计算目标分析机构集合内某段时间专利申请数量的归一化值得出，用于揭示一个机构的科技创新产出能力。

机构技术影响力得分是通过计算目标分析机构集合内某段时间发明专利总被引频次的归一化值得出，用于揭示一个机构的相对科技创新产出影响力。

机构技术认可力得分是通过计算目标分析机构集合内某段时间发明专利授权率的归一化值得出，用于揭示一个机构科技创新产出的认可度。

机构技术保护力得分是通过计算目标分析机构集合内某段时间国际专利数量的归一化值得出，用于揭示一个机构科技创新产出的认可度。

专利竞争力评价指标说明

对机构专利竞争力分析中专利申请量、总被引次数、发明专利授权率和国际专利申请量等主要指标构成，进行详细说明（表3-4）。

表3-4　机构专利竞争力主要指标说明

指标构成	说明
专利申请量	一段时间内某机构专利申请数量
发明专利总被引次数	一段时间内发明专利的被引次数

(续表)

指标构成	说明
发明专利授权率	一段时间内发明专利授权量与发明专利数量的百分比
国际专利量	一段时间内国际专利的申请及授权数量。

3.1.2.4 方法工具

研究方法

(1) 文献调研与专家调研法。文献调研是根据科研工作或科研课题的需要，有计划、有组织地调查、收集有关文献资料的工作过程。专家调查法是围绕某一主题或问题，征询有关专家或权威人士的意见和看法的调查方法。

本研究广泛阅读和调研有关教学机构科研竞争力分析关键技术与方法的文献，确定研究的具体指标与方法；通过搜索海南省科研机构农业领域相关建设情况、海南省项目基金资助情况以及科技成果产出情况，筛选出7家海南省农业核心科研机构作为研究对象，通过大量查阅农业领域相关文献，梳理确定检索关键词及构建检索式；通过专家访谈、专家咨询对分析结果进行分析、调整与解读。

(2) 文献计量方法。文献计量学是以文献体系和文献计量特征为研究对象，采用数学、统计学等计量方法，研究文献的分布结构、数量关系、变化规律和定量关系，进而探讨科学技术的某些结构、特征和规律的一门学科。

本研究中综合利用文献计量中的发文量、总被引频次、篇均被引等方法，分别从不同视角，利用 Excel 和 COOC 软件对生产力、影响力等评价指标进行分析。

(3) 专利信息计量方法。专利信息计量是以专利中的计量信息作为分析研究的基础，将数学和统计学方法运用于专利信息定量研究，以探索和挖掘其分布结构、数量关系、变化规律等内在价值的研究方法。

本研究中综合利用专利计量中的专利申请量、授权有效量、专利类型、被引频次等指标，利用 Excel 软件对生产力、影响力等评价指标进行分析。

(4) 知识图谱法。知识图谱是把应用数学、图形学、信息可视化技术、信息科学等学科的理论方法与科学计量学中的引文分析、共现分析等方法结合，用可视化的图谱形象地展示学科的核心结构、发展历史、前沿领域及整体知识架构，以揭示科研动态发展规律的一种研究方法。

本研究以 Excel 和 COOC 为数据清洗工具，从机构、作者、学科分类中抽取、清洗主题词集合；以 COOC、VOSviewer、CiteSpace 为数据分析工具。

软件工具

本研究利用 Excel、COOC 等工具进行数据处理和统计分析，利用 Excel、COOC、VOSviewer、CiteSpace 等软件进行辅助绘图。

3.2 海南农业核心科研机构发展概况

3.2.1 中国热带农业科学院

中国热带农业科学院[①]隶属于农业农村部[②]，是我国唯一从事热带农业科学研究的国家级综合性科研机构。创建于1954年，前身是设立于广州的华南热带林业科学研究所，1958年迁至海南儋州，1965年升格为华南热带作物科学研究院，1994年变更为现名。

中国热带农业科学院现设有14个科研机构，2个附属机构，1个院本级，土地面积6.8万亩。拥有国家重要热带作物工程技术研究中心、海南儋州国家农业科技园区、国家热带植物种质资源库、农业农村部综合性重点实验室等88个部省级以上科技平台和5个博士后科研工作站。先后与16个国际组织、37个国家和地区的科研和教学单位建立了长期稳定的合作关系，建有8个不同类型的热带农业科技国际联合实验室或研究中心、13个境外农业试验站，构建了热带农业走出去信息共享平台，基本形成了热带农业科技国际合作网络。举办或承办各类技术培训班100多期，培训来自非洲、亚洲、大洋洲、拉丁美洲等地区的99个国家的学员4 000多名。被联合国粮食及农业组织（FAO）命名为"热带农业研究培训参考中心"。

中国热带农业科学院秉承"无私奉献、艰苦奋斗、团结协作、勇于创

---

① 资料来源：中国热带农业科学院. https：//www.catas.cn/contents/238/175253.html。
② 中华人民共和国农业农村部，全书简称农业农村部。

新"的精神,先后承担了"863"计划、"973"计划、国家科技支撑计划、国家重点研发计划、国家重大科技成果转化等一批重大项目和FAO、联合国开发计划署(UNDP)、国际原子能机构等国际组织重点资助项目,主导天然橡胶、木薯、香蕉3个国家产业技术体系建设,取得了包括国家技术发明奖一等奖、国家科技进步奖一等奖在内的近50项国家级科技奖励成果及省部级以上科技成果1 000多项,培育优良新品种300多个,获得授权专利2 100多件,获颁布国家和农业行业标准500多项,开发科技产品300多个品种,推动了重要热带作物产量提高、品质提升、效益增加,为保障国家天然橡胶等战略物资和工业原料、热带农产品的安全有效供给,促进热区农民脱贫致富和服务国家农业对外合作作出了突出贡献。为满足国家战略需要、确保热带农产品有效供给、带动农民增收提供了强有力的支撑,致力于加快热带农业科技创新基地、人才培养基地、成果转化基地、国际合作基地、科技服务基地五大基地建设,创建世界一流的热带农业科技中心。

历经60余年的发展,中国热带农业科学院已建立学科齐全、功能完备、特色鲜明的热带农业"领域+学科"科技创新体系。创新领域涵盖热带经济作物、南繁种业、热带粮食作物、热带冬季瓜菜、热带饲料作物与畜牧、热带海洋生物等大农业范围,设有作物学、植物保护和农业工程等17个一级学科、51个二级学科。部分优势学科具有较强的国际竞争力,植物与动物科学、农业科学2个重点学科进入全球ESI前1%学科。现有在职职工3 700多人,高级专业技术人员700多人,博士400多人,享受国务院特殊津贴专家、国家级突出贡献专家、中央联系专家、新世纪百千万人才工程国家级人选、国家"万人计划"人选及中华农业英才奖获得者等高层次人才180多人次,入选中国热区省份高层次人才600多人次,面向海内外聘请了130多位知名专家学者,其中柔性引进中国两院院士10人、外籍院士3人。

进入新时代,中国热带科学院认真落实习近平总书记关于"打造国家热带农业科学中心""做强做优热带特色高效农业"的重要指示,面向世界科技前沿、面向经济主战场、面向国家重大需求、面向人民生命健康,以创建世界一流的热带农业科技创新中心,打造热带农业科技创新基地、热带农业科技成果转化应用基地、热带农业高层次人才培养基地、热带农业国际合作与交流基地和热带农业试验示范基地为目标，坚持"开放办院、特色办院、高标准办院"的方针，全面提升热带农业科技创新、成果转化、人才培养和国际合作能力。立足中国热区，按照乡村振兴战略总要求，以全面推进热带农业科技创新为主线，建设区域创新中心，持续提高热带农业科技区域贡献率。面向世界热区，按照"一带一路"总体布局，坚持"走出去"和"引进来"并重，不断提升热带农业科技国际话语权。稳步推进建成开放共享的国家热带农业科学中心，成为世界热带农业主要的科学中心和创新高地。

根据机构官网显示，中国热带农业科学院与农业相关的研究所（中心）有14个，分别为中国热带农业科学院橡胶研究所、中国热带农业科学院热带生物技术研究所、中国热带农业科学院环境与植物保护研究所、中国热带农业科学院热带作物品种资源研究所（海南热带植物园）、中国热带农业科学院南亚热带作物研究所（南亚热带植物园）、中国热带农业科学院农产品加工研究所、中国热带农业科学院香料饮料研究所（兴隆热带植物园）、中国热带农业科学院椰子研究所（椰子大观园）、中国热带农业科学院农业机械研究所、中国热带农业科学院科技信息研究所、中国热带农业科学院海口实验站（香蕉研究中心）、中国热带农业科学院湛江实验站、中国热带农业科学院广州实验站、中国热带农业科学院分析测试中心。

3.2.2 海南大学

海南大学[①]是教育部[②]和海南省人民政府"部省合建"高校，2007年8月由原华南热带农业大学与原海南大学合并组建而成的综合性重点大学。

学校秉承"海纳百川、大道致远"的校训，弘扬"自强敬业、厚德弘毅"的校风。2008年12月，经国家批准成为"211工程"重点建设高校；2013年，进入国家"中西部高等教育振兴计划"建设行列，先后获得"中西部高校基础能力建设工程""中西部高校综合实力提升工程"等建设支持；2017年，入选国家"世界一流学科"建设高校；2018年，海南省委、

[①] 资料来源：海南大学，https://www.hainanu.edu.cn/hdgk1/hdjj.htm。
[②] 中华人民共和国教育部，全书简称教育部。

省政府作出"聚全省之力办好海南大学"的重大决策部署；同年，海南大学成为教育部与海南省人民政府"部省合建"高校，纳入教育部直属高校序列。

海南大学现有校园面积400.9万米^2（6 019.5亩），全日制学生4.2万人，拥有35个二级学院、16个书院，13个一级学科博士点和1个专业学位博士点，34个一级学科硕士点、21个硕士专业学位类别，69个本科专业、6个博士后流动站，45个国家级一流本科专业建设点，12门国家级一流本科课程，2门国家级精品课程，1门国家级精品在线开放课程，2门教育部课程思政示范课程。学科涵盖了哲学、经济学、法学、文学、理学、工学、农学、医学、管理学、艺术学等门类。作物学连续两轮入选世界一流学科建设名单，植物与动物科学、材料科学、化学、农业科学、工程学、环境科学/生态学、生物学与生物化学7个学科进入ESI全球前1%。专任教师2 700多人，院士、杰出青年等国家级人才近60人，其中，中国科学院院士1人，加拿大国家工程院院士、加拿大工程研究院院士1人，日本工程院外籍院士1人，俄罗斯工程院外籍院士1人，欧洲科学院院士2人，国家级教学名师4人。

在学科建设方面，学校牢记习近平总书记"4·13"重要讲话精神中关于"要支持海南大学创建世界一流学科"的殷切嘱托，着眼于服务国家重大战略、海南自由贸易试验区和中国特色自由贸易港建设，坚持"突出特色、重点建设、全面发展"的原则，突出"热带、海洋、旅游、特区"四大特色，坚持"支撑引领、特色取胜，高位嫁接、开放创新"的学科建设总体思路，构建了学科建设目标和国家战略、区域经济社会发展需求相适应的学科专业体系。现有学科涵盖哲学、经济学、法学、文学、理学、工学、农学、医学、管理学、艺术学十大门类，有1个"世界一流学科"建设学科，3个优势特色学科群对接地方主导产业，3个国家重点学科（含1个培育学科），12个省级特色重点学科；2个博士后科研流动站，10个一级学科博士点、32个一级学科硕士点、17个硕士专业学位类别，94个本科专业。

在科研平台方面，共建热带作物生物育种全国重点实验室和数字医学工程全国重点实验室，拥有省部共建南海海洋资源利用国家重点实验室，海南省热带生物资源可持续利用重点实验室——省部共建国家重点实验室培育基地，国家耐盐碱水稻技术创新中心，3个省部共建协同创新中心，21个省部级重点实验室，17个省部级工程研究中心，5个省级国际科技合作基地，15个院士工作站，29个院士团队创新中心，2个教育部国别和区域研究中心，1个文化和旅游部①研究基地，2个海南省哲学社会科学重点新型智库，11个海南省哲学社会科学重点研究基地，成立了"海南省东坡文化研究与传播中心"，助力海南自贸港文化内涵建设。其中，海南大学"一带一路"研究院入选2022年度"中国智库索引（CTTI）高校智库百强榜"，获评A级智库。坚持面向国家发展战略和海南经济社会发展需求，按照"解决真问题，真解决问题"的思路，聚焦"自贸港发展和制度创新""生态文明""文化旅游""南繁与热带高效农业""海洋科技""全健康""信息技术"7个重点研究领域组建协同创新中心，支撑、引领学校相关领域或学科成为"海南急需、国家一流"，为实现高水平科技自立自强提供有力支撑。2021年，学校国家自然科学基金项目获批立项157项，国家社会科学基金项目获批立项23项，教育部人文社科项目获批立项4项。

学校依托海南区位优势，坚持"服务国家战略，全面对接海南自贸港建设，努力创建世界一流学科和国内一流大学"的办学宗旨，凝练出"热带、海洋、旅游、特区"四大办学特色，将"支撑引领、特色取胜、高位嫁接、开放创新"确定为办学总体思路，坚持"以服务求支持、以贡献求发展"，努力营造"知行合一、崇尚学术、追求卓越"的求知治学氛围。近年来，学校顺应高等教育发展新趋势，准确把握学术发展和人才成长规律，发扬"敢闯敢试、敢为人先"的改革创新精神，全力推进完全学分制、书院制和组建协同创新中心3项重大改革，力求打破学院、学科壁垒，强化不同学科专业的交叉、教学与科研的深度融合，完善"个性化"人才培养机制，激发学生自主学习的动力，培养拔尖创新人才，打造有组织的科研体系。学校实施开放办学战略，构建了"全方位、多层次、宽领域"的对外交流与合作新格局，已达成合作的境外院校、国际科研机构和高校联盟208所（个），分别来自38个国家和地区。学校入选教育部第二批来华留学示

---

① 中华人民共和国文化和旅游部，全书简称文化和旅游部。

范基地,已建成国际学生教育本、硕、博完整的培养体系。

根据机构官网显示,海南大学与农业相关的学院有7个,分别为热带作物学院(农业农村学院、乡村振兴学院)、生命科学学院、生态与环境学院、海洋生物与水产学院、海洋学与工程学院、食品科学与工程学院、南繁学院(三亚南繁研究院)。

3.2.3 海南热带海洋学院

海南热带海洋学院[①]是由海南省人民政府、国家海洋局、中国海洋石油总公司、三亚市人民政府、三沙市人民政府等共建的全日制公办普通本科省属高校,学校的前身是广东省1954年创办的海南黎族苗族自治州师范学校和1958年创办的海南黎族苗族自治州师范专科学校。几经分合、调整、更名,于1993年由海南省通什师范专科学校和海南省通什教育学院合并组建为琼州大学(专科),2006年琼州大学升格为本科院校,更名为琼州学院,同年4月海南民族师范学校并入琼州学院。2015年9月,更名为海南热带海洋学院。2018年12月,海南省海洋与渔业科学院转隶归属学校管理。

学校拥有三亚、五指山两个校区,校园面积2 100多亩,总建筑面积53.29万米^2。学校现有19个二级学院,2个一级学科硕士点和8个专业硕士点,53个本科专业,2个中外合作办学本科专业,7个专科专业,涵盖理、工、管、文、法、农、教、艺、史九大学科门类。学校已有海洋科学等18个涉海类专业(方向),确定了海洋科学与技术、热带海洋生命、热带海洋生态环境、海洋海岛旅游、民族等五大特色学科方向和领域,初步形成了以海洋、旅游、民族、生态为特色的学科专业体系。拥有院士工作站4个,国家级科研平台2个,省部级科研平台12个,省级重点学科6个,省级重点培育智库9个,省部级科技创新团队2个,省"双百"人才团队6个,国家级一流本科专业1个,省级一流本科专业6个,省级特色专业6个,省级应用型转型试点专业13个。此外还有科技部、

---

① 资料来源:海南热带海洋学院,https://www.hntou.edu.cn/xygk_2699/xxjj/。

教育部、外交部①等国家部委批准或设立的大学科技园和对外交流、人文社科、人才培训类平台基地10余个，为学校高质量发展、人才培养提供重要的支撑平台。

学校现有教职工1 200余人，其中专任教师840余人，高级职称教师450余人，博士、硕士学位教师630余人，双聘院士4人。教师队伍中既有国务院特殊津贴专家、省优秀专家，省委联系服务重点专家、南海名家、省"515人才"第一、第二层次人选，全国师德标兵、省级教学名师、省优秀教师，也有来自行业企业、科研院所的双师型教师。学校现有全日制在校生18 730余人，其中硕士研究生341人，本科生15 429人、专科生2 878人，留学生83人。

近三年来，学校共承担各类科研课题376项，省部级以上项目124项，其中国家级项目28项，省级重大科技项目2项。学校海洋测绘保障应用项目获得资助7 991万元，三亚崖州湾海南热带海洋学院海洋牧场教学科研示范基地项目获得资助5 000万元。学校先后获得"海南省产学研结合十大杰出院校""海南省创新型科技人才培养先进院校"、海南省"十三五"产学研合作优秀单位、海南省"十三五"产学研合作突出贡献单位和海南省"十三五"产学研合作创新奖等荣誉称号。

学校将秉承"明德、博学、励志、笃行"的校训，以习近平新时代中国特色社会主义思想和党的十九大精神为指引，深入贯彻新时代全国高等学校本科教育工作会议精神，牢牢抓住"一带一路"、海洋强国、海南自由贸易区（港）建设三大机遇，加快建设高水平本科教育，全面提高人才培养能力，加快推进学校转型发展，努力把学校建设成为国际化、开放性、特色鲜明的应用型高水平海洋大学，为建设经济繁荣、社会文明、生态宜居、人民幸福的美好新海南作出更大的贡献。

根据机构官网显示，海南热带海洋学院与农业相关的学院有4个，分别为海洋科学技术学院、水产与生命学院、生态环境学院、食品科学与工程学院。

---

① 中华人民共和国外交部，全书简称外交部。

3.2.4 海南省农业科学院

海南省农业科学院[①]隶属于海南省政府,前身是 1989 年 12 月经省政府批准,在原海南行政区农科所和原海南行政区畜科所的基础上合并组建而成的海南省农业科学研究院,2001 年实施"转企"改革,2004 年人员经费减拨至零,2005 年经省委省政府批准调整为省政府直属正厅级综合性农业科研事业单位。

海南省农业科学院科研用地面积约 1 796.28 亩,其中海口院本部约 196 亩、澄迈永发科研基地 700.28 亩、乐东利国南繁育种基地 750 亩和定安畜禽基地 150 亩;建有科研实验大楼 1 栋,面积达 1.270 8 万米^2。全院设有 8 个管理部门,直属科研事业单位 10 个,建有国家水稻改良中心海口分中心、国家现代农业产业体系综合试验站、国家农产品加工技术研发中心热带水果加工专业分中心、国家级农作物品种区域试验站、农业农村部科学观测试验站、省级重点实验室、省级工程技术研究中心等 29 个国家和省部级科研试验平台及 5 个院士创新平台、1 个博士后科研流动工作站。全院在职职工 212 人,其中高级职称 103 人、中级职称 23 人、初级职称 38 人;博士 18 人、硕士 76 人、本科 19 人。全院有国务院特殊津贴专家 5 人,省政府重点联系专家 6 人,省优秀专家 11 人。

历经 30 年的努力,海南省农业科学院已经发展成为基础条件较为完备、研究学科较为齐全、技术创新优势较为突出的全省综合性农业科研中心。目前全院主要工作任务和职责范围:一是承担农业基础研究,应用基础研究和实用技术研究以及农牧业遗传育种及配套高产栽培技术研究、病虫害灾变规律研究和标准化技术规程研制;二是负责收集、保存、评价与利用研究各种独特动物、植物种质资源,研究土壤、农化物资、环境等生态良性循环机制;三是负责国内外农业新技术、新成果的引进、消化、吸收和成果的示范推广以及农业技术培训工作;四是负责开展产业科技成果的转化和产业化开发;五是负责对外农业科学技术交流与合作及农业科技咨询。

建院以来,全院聚焦科学研究、科技成果转化和科技服务三大中心工

---

① 资料来源:海南省农业科学院,http://www.hnaas.org.cn/hnaas/0101/list_tt.shtml。

作,取得显著成效,先后获评"全国优秀基层党支部""全国100家三下乡先进集体""国家级星火培训基地""全省科技成果推广先进单位""海南省科技活动月优秀组织一等奖""海南省第四期中西部市县挂职科技副乡镇长先进派出单位""海南省科普教育基地"等数十个荣誉称号。

根据机构官网显示,海南省农业科学院与农业相关的研究所(中心)有11个,分别为热带园艺研究所、农产品加工设计研究所、畜牧兽医研究所、农业环境与土壤研究所、植物保护研究所(农产品质量安全与标准研究中心)、热带农业经济与农村发展研究所(科技培训保障中心)、热带果树研究所、蔬菜研究所、南繁育种研究中心、海南省腰果研究中心、粮食作物研究所。

3.2.5 海南省林业科学研究院

海南省林业科学研究院(海南省红树林研究院)[①]隶属海南省林业局,成立于1958年,与海南省林业科学技术推广中心为一个机构两块牌子,是海南省唯一以热带林为主要研究对象的集科研推广为一体的省级综合性林业科研机构。

现有海南文昌森林生态系统国家定位观测研究站、海南省院士工作站(林业)、海南省热带林业资源监测与应用重点实验室(筹)、海南省热带林业工程技术研究中心、林产品质量检验检测中心、海南省林业有害生物检验检疫实验中心、海口市湿地保护开发工程技术研究中心等科研平台,建有国家林业和草原长期科研基地、定安龙州基地、云龙基地、岭脚基地等科研基地2 000余亩和热带树木园250亩、热带林木种质资源保存基地900亩。主要从事红树林湿地生态修复、热带雨林国家公园等自然保护地生物多样性保护与生态恢复、热带林木种质资源保育、森林资源与生态环境监测、智慧林业及生态大数据、林业碳汇、林业有害生物防治、林业生物技术、木材鉴定、林下经济等方向的基础研究和应用研究,以及林业调查规划设计等技术服务。现有在职职工183人,其中,中高级职称80人,博士、

[①] 资料来源:海南省林业科学研究院(海南省红树林研究院),http://www.hnslky.net/e/action/ListInfo/?classid=11。

硕士 37 人，省领军人才 1 人、拔尖人才 3 人、其他类高层次人才 28 人，省委联系服务重点专家和后备人选各 1 人，入选海南省"515 人才工程"第二、第三层次人选 8 人。

近年来，取得科研成果 200 余项，获省市级奖励 11 项，其中，海南省科技进步奖特等奖 1 项、一等奖 2 项、二等奖 1 项、三等奖 5 项。制定林业行业标准 1 项、地方标准 10 项，授权专利 23 项，取得软件著作权 18 项，认定林木良种 3 个，出版著作 7 部，发表论文 400 余篇。先后被授予"全国生态建设突出贡献奖先进集体""全国林业科技工作先进集体""全国特色种苗基地""全国林业科普基地"等荣誉称号。

根据机构官网显示，海南省林业科学研究院与农业相关的研究所（中心）有 9 个，分别为湿地研究所（红树林研究中心）、森林资源研究所（林业碳汇研究中心）、林业研究所、森林保育研究所、森林生态研究所、林业高新技术研究所、热带林业经济研究所、林产品质量检验检测中心、林业科技发展中心。

3.2.6　海南省农垦科学院集团有限公司

海南省农垦科学院[①]筹建于 2008 年 4 月，2009 年 5 月，原海南省农垦中心测试站（以下简称中心测试站）、海南省农垦农业科学研究所（以下简称农科所）、海南省农垦橡胶研究所（以下简称文昌所）和海南省保亭热带作物研究所（以下简称保亭所）整体并入海南省农垦科学院，2016 年中心测试站作为公益一类整体移交海南省农业厅，现农垦科学院由农科所、文昌所、保亭所、海南农垦科技发展有限公司、海南兴农源农业科技开发有限公司、海南兴农艺园林工程有限公司等组成。2018 年 12 月海南省农垦科学院转企改制为海南省农垦科学院集团有限公司[②]。

现有科研、产业基地 6.4 万亩。有院士工作站 1 个；博士后科研工作站 1 个；国家天然橡胶产业技术体系试验站 1 个；国家天然橡胶良种补贴苗木繁育基地 2 个；绿化苗圃 2 个；胡椒、山竹子、红毛丹标准化生产示范基地

---

① 资料来源：海南省农垦科学院，http：//www.hsfas.com/html/jtjj.html。
② 资料来源：海南省农垦科学院集团有限公司，http：//www.hifarms.com.cn/。

3个；胡椒、荔枝省级标准化生产示范园2个；热带植物标本园1个；天然橡胶种质资源圃2个；热带特色水果种质资源引进试种基地3个。现有职工264人，专业技术人员61人（其中高级职称13人，中级职称23人）；博士9人、硕士16人。

主要从事天然橡胶抗风高产品种选育、热作引种试种、热作丰产栽培、良种良苗开发、生理农化、主要作物重大病虫害监测防控、林下经济、测土配方施肥、土壤改良修复、农产品加工等领域的研发、示范、推广、培训、咨询和技术服务。为海南农垦农业现代化研究与示范、标准化基地建设、农业新技术推广以及农业产前、产中、产后提供服务，为天然橡胶、荔枝、杧果、胡椒、红毛丹、山竹子等在海南种植成功作出了巨大的贡献。

承担农业农村部、财政部[①]、科技部、海南省科技厅、林业厅及农垦总局的农业科研项目。先后取得了200多项科研成果，其中96项获国家、省、部、农垦总局奖励（国家级3项、部级10项、省级27项和厅局级56项），申报国家发明专利10项。具备较强的科技研发、成果转化、技术推广和科技咨询服务能力。

根据机构官网显示，海南省农垦科学院与农业相关的研究所（公司）有7个，分别为文昌橡胶研究所分公司、保亭热带作物研究所分公司、海垦农业科学研究所分公司、海南农垦科技发展有限公司、海南兴农艺园林工程有限责任公司、海南兴农源农业科技开发有限公司、海南兴农科实业有限公司。

3.2.7 海南省三亚市南繁科学技术研究院

海南省三亚市南繁科学技术研究院隶属于三亚市政府，是市属国有科研事业单位。成立于2005年3月，是由原三亚市农业生物技术研究发展中心、原三亚市热带瓜果研究中心、原三亚市科学技术情报研究所和原三亚市科学技术服务中心4家科研事业单位合并组建而成。

设有南繁育制种工程实验室（下设水稻研究室）、设施农业研究中心、南繁瓜菜研究中心、南繁植保研究中心、南繁林业研究中心（下设组培研

---

① 中华人民共和国财政部，全书简称财政部。

究室)、南繁土肥与区划研究中心、农产品加工研究中心、海洋水产研究中心、热带果树研究中心、办公室(下设财务室和图书馆)、科研与项目管理中心和项目发展办公室12个部门。现有农业科技人员30人,其中高级职称10人,中级12人,博士1人、硕士8人。

主要从事南繁育制种、瓜菜、花卉、水稻、设施农业、特色农产品加工、植保、土肥、海洋水产、信息等领域的研发和科技服务工作。承担了三亚农业科学城项目的建设与管理,"973""863"项目以及海南省市研究课题,国内外农业科技合作、交流与会展,热带设施园艺技术的研究与开发,瓜菜新品种的研究与生产技术开发,水稻新品种的引进与展示试验,农业南繁技术支持与服务,转基因植物的检验与安全性评价,农业科技"110"技术培训与远程服务。

根据机构官网显示,海南省三亚市南繁科学技术研究院与农业相关的研究中心(研究室)有9个,分别为水稻研究室、设施农业研究中心、南繁瓜菜研究中心、南繁植保研究中心、南繁林业研究中心、南繁土肥与区划研究中心、农产品加工研究中心、海洋水产研究中心、热带果树研究中心。

3.3 海南农业核心科研机构竞争力分析

3.3.1 科技综合生产力趋势分析

2013—2022年,在农业领域海南省7家农业核心科研机构共计发表科研成果(SCI论文/CNKI论文/专利)32 882项,其中,科技论文21 995篇(包括SCI论文7 443篇,CNKI论文14 552篇),核心作者论文[1]15 011篇(包括SCI核心作者论文4 809篇,CNKI核心作者论文10 202篇),专利10 887件,核心专利[2]5 893件,经计算核心成果(包括核心论文和核心专利)占比63.57%。近五年(2018—2022年)海南省7家农业核心科研机构在农业领域的科研成果数量合计为19 295项,其中,CNKI论文6 600篇,SCI论文5 568篇,专利7 127件;核心成果12 578项,其中,CNKI核心作

---

[1] 核心作者论文即第一作者/通讯作者发表的论文。
[2] 核心专利即法律状态为授权有效的专利。

者论文4 481篇，SCI核心作者论文3 701篇，核心专利4 396件（表3-5、图3-4）。

表 3-5 海南省农业核心科研机构科研成果发表情况

机构名称	专利申请量（件）	论文发文量（篇）	成果总数量（个）	核心成果数量（个）	核心成果占比（%）
中国热带农业科学院	5 753	9 769	15 522	9 734	62.71
海南大学	3 459	9 133	12 592	8 115	64.45
海南热带海洋学院	783	941	1 724	975	56.55
海南省农业科学院	524	1 165	1 689	1 094	64.77
海南省林业科学研究院	178	600	778	538	69.15
海南省农垦科学院集团有限公司	148	149	297	215	72.39
三亚市南繁科学技术研究院	42	238	280	233	83.21

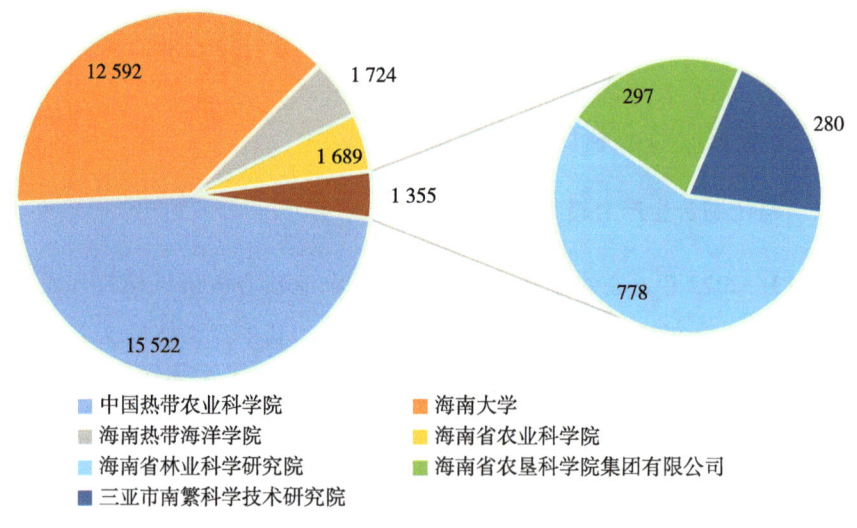

图 3-4 海南省农业核心科研机构科研成果分布情况（单位：篇）

本研究定义科技综合生产力的主要考量指标为：海南省农业核心科研机构全部7家机构发表成果产出总量、核心成果产出总量和近五年（2018—2022年）成果占比，其中，成果产出包括科技论文发文量和专利申请量，核心成果产出包括核心作者发文量和核心专利数量。

近五年成果占比为 2018—2022 年科研成果产出数量/2013—2022 年科研成果产出总数量。通过计算近五年 7 家机构的科研成果数量与 2013—2022 年所有机构科研成果总数量的百分比，以及近五年 7 家机构的核心成果数量与 2013—2022 年所有机构核心成果总数量的百分比，发现近五年 7 家机构科研成果总数量占比和核心科研成果总数量占比均超过 58%，近五年成果数量大于前五年（2013—2017 年），说明在农业领域，近五年海南省农业核心科研机构的科研生产力呈急速上升状态。通过计算近五年海南省农业核心科研机构的 CNKI 论文、SCI 论文和专利等不同类型科研成果总数量分别占 2013—2022 年所有机构不同类型科研成果总数量的百分比，以及近五年 7 家机构的 CNKI 核心作者论文、SCI 核心作者论文和核心专利等不同类型科研成果总数量分别占 2013—2022 年所有机构不同类型核心成果总数量的百分比，发现近五年海南省农业核心科研机构在农业领域的 SCI 发文量占比为 74.91%，专利申请量占比为 65.46%，SCI 发文量和专利申请量远超前五年，但近五年 CNKI 发文量（占比 45.35%）少于前五年（图 3-5）。

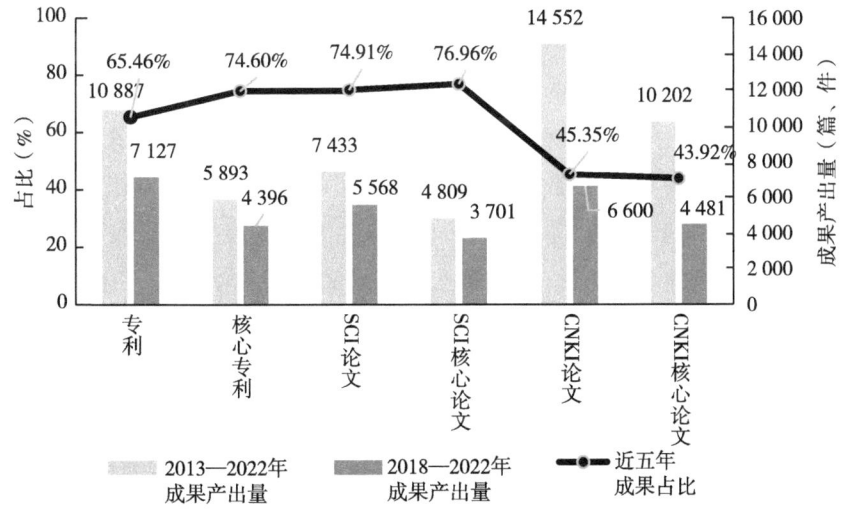

图 3-5 近五年海南省农业核心科研机构科研成果发布趋势

综上所述，在农业领域，从科技论文发文趋势可以看出，近五年海南省农业核心科研机构科技论文产出重心已由中文论文转变为外文论文,科技论文产出效能由国内向国际拓展;从专利申请趋势可以看出,海南省农业核心科研机构的技术生产力正在稳步提升。说明从2018年海南省自贸港建设开始至今,海南省农业核心科研机构在农业领域科技学术生产力、科学技术创造力和科技影响力等方面均取得大幅提升,科技综合生产力的学术影响力和技术创造力都取得长足进步。

3.3.2 机构农业科技论文竞争力分析

2013—2022年海南省农业核心科研机构农业领域科技论文竞争力指数如表3-6所示。从科技论文竞争力来看,在农业领域,海南省农业核心科研机构科技论文竞争力排名前三的依次是中国热带农业科学院、海南大学、海南省农业科学院,中国热带农业科学院和海南大学的科技论文竞争力指数得分为10.00和9.14,显著高于排名第三的海南省农业科学院(1.03)、海南热带海洋学院(0.73)、海南省林业科学研究院(0.45)、三亚市南繁科学技术研究院(0.17)和海南省农垦科学院集团有限公司(0.12)分列第四至第七(表3-6)。说明隶属于农业农村部的中国热带农业科学院和由教育部、海南省人民政府部省联合建校的海南大学的科研生产力、科研影响力、科研卓越力、科研合作力均明显高于其他机构。

从科研生产力来看,海南省农业核心科研机构科技论文发文量合计21 995篇,其中,外文科技论文(SCI)发文量7 443篇,中文科技论文(CNKI)发文量篇14 552篇。中国热带农业科学院发表中外科技论文9 797篇,占发文总量的44.41%,排名第一;海南大学发表中外科技论文9 088篇,占发文总量的41.52%,排名第二;海南省农业科学院发表中外科技论文1 157篇,占发文总量的5.30%,排名第三;海南热带海洋学院(952篇,4.28%)、海南省林业科学研究院(599篇,2.73%)、三亚市南繁科学技术研究院(238篇,1.08%)和海南省农垦科学院集团有限公司(149篇,0.68%)分列第四至第七。SCI发文量排名前三的机构分别是海南大学4 069篇、中国热带农业科学院2 805篇和海南热带海洋学院391篇;CNKI发文量排名前三的机构分别是中国热带农业科学院6 964篇、海南大学5 064篇和海南省农业科学院1 023篇。

表 3-6 2013—2022 年海南省农业核心科研机构农业领域科技论文竞争力指数

机构名称	科技论文竞争力（一级指标）		发文量（二级指标）			总被引频次（二级指标）			高被引论文量（二级指标）			合作论文量（二级指标）		
	得分	排名	数值	得分	排名	数值	得分	排名	数值	得分	排名	数值	得分	排名
中国热带农业科学院	10.00	1	9 797	10.00	1	87 591	9.75	2	3 229	10.00	1	8 048	10.00	1
海南大学	9.14	2	9 088	9.28	2	89 817	10.00	1	2 903	8.99	2	6 508	8.09	2
海南热带海洋学院	0.73	4	952	0.97	4	6 148	0.68	4	184	0.57	4	535	0.66	4
海南省农业科学院	1.03	3	1 157	1.18	3	7 012	0.78	3	312	0.97	3	944	1.17	3
海南省林业科学研究院	0.45	5	599	0.61	5	2 757	0.31	5	120	0.37	5	401	0.50	5
海南省农垦科学院集团有限公司	0.12	7	149	0.15	7	793	0.09	7	37	0.11	7	111	0.14	7
三亚市南繁科学技术研究院	0.17	6	238	0.24	6	1 021	0.11	6	58	0.18	6	116	0.14	6

从科研影响力来看,海南省农业核心科研机构科技论文总被引频次合计 195 139 次,其中,SCI 论文总被引频次 104 192 次,CNKI 论文总被引频次 90 947 次。海南大学论文总被引频次 89 817 次,排名第一;中国热带农业科学院论文总被引频次 87 591 次,排名第二;海南省农业科学院论文总被引频次 7 012 次,排名第三;海南热带海洋学院 6 148 次、海南省林业科学研究院 2 757 次、三亚市南繁科学技术研究院 1 021 次和海南省农垦科学院集团有限公司 793 次,分列第四至第七。

从科研卓越力来看,海南省农业核心科研机构高被引论文合计 6 843 篇,其中,SCI 高被引论文 2 116 篇,CNKI 高被引论文 4 727 篇。中国热带农业科学院发表高被引科技论文 3 229 篇,占高被引论文总量的 47.19%,排名第一;海南大学发表高被引科技论文 2 903 篇,占高被引论文总量的 42.42%,排名第二;海南省农业科学院发表高被引科技论文 312 篇,占高被引论文总量的 4.56%,排名第三;海南热带海洋学院、海南省林业科学研究院、三亚市南繁科学技术研究院和海南省农垦科学院集团有限公司,分列第四至第七。SCI 高被引论文数量排名前三的机构为海南大学、中国热带农业科学院和海南热带海洋学院,其 SCI 高被引论文数量分别为 1 159 篇、867 篇和 50 篇,占各自机构发文总量的 31.32%、33.29% 和 16.13%;CNKI 高被引论文数量排名前三的机构为中国热带农业科学院、海南大学和海南省农业科学院,其 CNKI 高被引论文数量分别为 2 362 篇、1 744 篇和 280 篇,占各自机构发文总量的 33.92%、34.44% 和 27.37%。

从科研合作力来看,海南省农业核心科研机构合作论文合计 16 149 篇,其中,SCI 合作论文 9 915 篇,CNKI 合作论文 6 234 篇。中国热带农业科学院发表合作论文 8 048 篇,排名第一,海南大学发表合作论文 6 508 篇,排名第二;海南省农业科学院发表合作论文 944 篇,排名第三;海南热带海洋学院 535 篇、海南省林业科学研究院 401 篇、三亚市南繁科学技术研究院 116 篇和海南省农垦科学院集团有限公司 111 篇,分列第四至第七。SCI 合作论文量排名前三的机构分别为海南大学 3 311 篇、中国热带农业科学院 2 502 篇和海南热带海洋学院 261 篇,海南省农业科学院和海南省林业科学研究院分列第四和第五;CNKI 合作论文量排名前三的机构分别为中国热带农业科学院 4 819 篇、海南大学 3 605 篇和海南省农业科学院 632 篇,海南热带海洋学院、海南省林业科学研究院、三亚市南繁科学技术研究院和海南省农垦科学院集团有限公司分列第四至第七。

3.3.3 科研生产力分析

3.3.3.1 SCI 论文总体产出

SCI 论文产出量

表3-7和图3-6清晰展示了2013—2022年，在农业领域海南省农业核心科研机构SCI论文的产出情况，海南省农业核心科研机构共计发表SCI论文7 433篇，其中，海南大学4 069篇，排名第一；中国热带农业科学院2 805篇，排名第二；海南热带海洋学院391篇，排名第三；海南省农业科学院142篇，排名第四；海南省林业科学研究院36篇，排名第五；海南省农垦科学院集团有限公司和三亚市南繁科学技术研究院相关SCI论文量少于5篇，且第一完成单位不是本机构。

表3-7 海南省农业核心科研机构SCI发文情况

机构名称	发文量（篇）	核心作者论文（篇）	非核心作者论文（篇）	核心作者论文占比（%）
中国热带农业科学院	2 805	1 790	1 015	63.81
海南大学	4 069	2 791	1 278	68.59
海南热带海洋学院	391	180	211	46.04
海南省农业科学院	142	35	107	24.65
海南省林业科学研究院	36	13	23	36.11

海南省农业核心科研机构SCI核心作者论文（包括第一作者和通讯作者发表的论文）共计4 809篇，其中，核心作者论文数量最多的机构为海南大学2 791篇，其次为中国热带农业科学院1 790篇。海南大学无论是SCI发文总量、核心作者论文数量还是核心作者论文占比均排名第一，中国热带农业科学院以上3项指标均排名第二。海南大学核心作者论文占比63.81%，中国热带农业科学院核心作者论文占比63.81%，二者的SCI发文总量、核心作者论文数量和核心作者论文占比遥遥领先于其他机构；其他机构的核心作者论文占比为24%~47%，海南热带海洋学院核心作者论文占比最低，为24.65%。

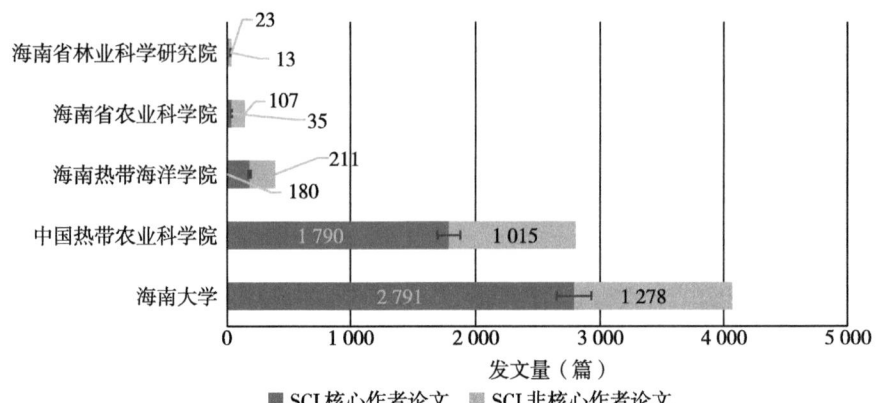

图3-6 海南省农业核心科研机构SCI发文量分布

综上所述,在农业领域,以SCI论文发文量为考量标准,可以看出海南大学的科研生产力和科研核心生产力最强,中国热带农业科学院次之,且海南大学和中国热带农业科学院的科研生产力和科研核心生产力远大于其他机构。

SCI 论文产出趋势

表3-8、表3-9和图3-7清晰展示了2013—2022年,在农业领域海南省农业核心科研机构发表SCI论文的年度趋势分布情况,海南省农业核心科研机构SCI论文发文总数和核心作者论文数整体呈逐年上升态势,通过计算各机构近五年(2018—2022年)SCI发文量占2013—2022年各自SCI发文总数量的百分比,以及各机构近五年核心作者论文发文量占2013—2022年各自核心作者论文发文总数量的百分比,发现近五年中国热带农业科学院SCI发文量占比为58%,其他各机构占比均大于69%;近五年中国热带农业科学院SCI核心作者论文发文量占比为55%,其他各机构占比均大于68%。说明在农业领域,近五年各机构外文论文生产力较前几年有较大提升。

表3-8 海南省农业核心科研机构SCI发文年代分布情况　　单位:篇

机构名称	发文量									
	2013年	2014年	2015年	2016年	2017年	2018年	2019年	2020年	2021年	2022年
中国热带农业科学院	170	196	203	229	231	232	309	305	417	513
海南大学	89	110	135	184	233	312	426	525	778	1 277

（续表）

机构名称	发文量									
	2013年	2014年	2015年	2016年	2017年	2018年	2019年	2020年	2021年	2022年
海南热带海洋学院	4	5	13	13	21	32	59	58	82	104
海南省农业科学院	3	1	7	14	8	11	14	16	23	45
海南省林业科学研究院	1	1	2	1	1	3	1	5	8	13

表3-9　海南省农业核心科研机构核心SCI发文年代分布情况　　单位：篇

机构名称	发文量									
	2013年	2014年	2015年	2016年	2017年	2018年	2019年	2020年	2021年	2022年
中国热带农业科学院	98	114	137	157	152	155	216	198	254	309
海南大学	35	54	62	114	162	216	307	377	549	915
海南热带海洋学院	0	0	2	5	6	12	35	23	50	47
海南省农业科学院	0	0	2	4	2	2	1	4	6	14
海南省林业科学研究院	1	0	0	1	0	3	0	4	1	3

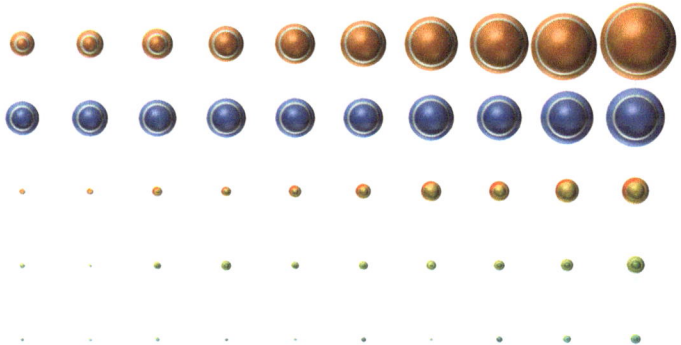

图3-7　海南省农业核心科研机构SCI论文发文年度趋势

海南省农业核心科研机构2022年共发表SCI论文1 540篇，SCI核心作者论文 939 篇，近十年（2013—2022 年）文章数量增长了 7 倍，核心作者论文数量增长了 10.8 倍；其中，海南大学增幅最大，2022 年 SCI 发文量 838 篇，SCI 核心作者论文 517 篇，近十年文章数量增长了 16.8 倍，核心作者论文数量增长了 56.5 倍；中国热带农业科学院 2022 年 SCI 发文量 377 篇，SCI 核心作者论文 168 篇，近十年文章数量增长了 2.5 倍，核心作者论文数量增长了 2.4 倍；海南热带海洋学院 2022 年 SCI 发文量 92 篇，SCI 核心作者论文数量 17 篇，近十年文章数量增长了 15.3 倍，核心作者论文数量增长了 8.5 倍；海南省农业科学院近十年 SCI 发文量增长了 4.4 倍，核心作者论文数量增长了 4.8 倍；海南省林业科学研究院近十年 SCI 发文量增长了 12 倍，但核心作者论文数量未增长。

综上所述，在农业领域，以 SCI 论文年度发文量为考量标准，可以看出海南大学科研生产力增长幅度最大，提升速率最快，中国热带农业科学院科研产出基础最好，但科研生产力增长速率与其他机构相比未见明显优势。

SCI 论文产出的学科分布

表 3-10、图 3-8 和图 3-9 清晰展示了 2013—2022 年，在农业领域海南省农业核心科研机构 SCI 论文各学科发文分布情况。本研究以 WOS 学科类别作为精练条件，遴选与农业领域相关的植物科学、农学、农业工程、多学科、食品科学与技术、渔业和林业等 24 个学科。

表 3-10 海南省农业核心科研机构 SCI 论文各学科发文分布情况

单位：篇

学科类别	发文量				
	中国热带农业科学院	海南大学	海南热带海洋学院	海南省农业科学院	海南省林业科学研究院
植物科学	867	859	20	33	10
环境科学	219	634	68	11	5
食品科学技术	308	493	46	16	0
生物化学与分子生物学	386	492	33	19	3
生物技术与应用微生物学	210	300	20	10	0
基因遗传	249	297	93	23	7
海洋淡水生物	39	274	62	0	0
渔业	42	256	44	1	0
微生物学	150	240	19	6	0

(续表)

学科类别	发文量				
	中国热带农业科学院	海南大学	海南热带海洋学院	海南省农业科学院	海南省林业科学研究院
农学	229	239	3	8	2
生态学	62	168	12	2	6
兽医学	68	140	16	14	0
园艺	172	125	1	6	0
昆虫学	123	109	0	5	1
土壤科学	75	96	2	3	0
农业、多学科	96	92	1	4	0
林业	58	84	1	1	7
动物学	28	70	28	6	2
农业工程	65	69	0	1	0
生物多样性保护	19	67	14	0	4
生物学	39	62	6	1	0
农业、制奶业和动物科学	34	43	2	11	0
真菌学	24	32	0	1	0
多学科	10	10	4	0	0

本研究将海南省5家农业核心科研机构SCI论文发文总数量/24的值设定为基线，筛选出海南省农业核心科研机构SCI论文的优势学科为植物科学，环境科学、生物化学与分子生物学，农学，渔业，食品科学技术，生物技术与应用微生物学，基因遗传，多学科。

本研究将每个机构SCI论文的发文量/24（WOS学科类）的值设定为基线，筛选出各机构论文发文量超过基线的学科为该机构的优势学科。经计算，中国热带农业科学院的优势学科为植物科学，环境科学，食品科学技术，生物化学与分子生物学，生物技术与应用微生物学，基因遗传，微生物学，农学，园艺，昆虫学；海南大学的优势学科为植物科学，环境科学，食品科学技术，生物化学与分子生物学，生物技术与应用微生物学，基因遗传，海洋淡水生物，渔业，微生物学，农学；海南热带海洋学院的优势学科为植物科学，环境科学，食品科学技术，生物化学与分子生物学，生物技术与应用微生物学，基因遗传，海洋淡水生物，渔业，微生物学，动物学；海南省农业科学院的优势学科为植物科学，环境科学，食品科学技术，生物化学与分子

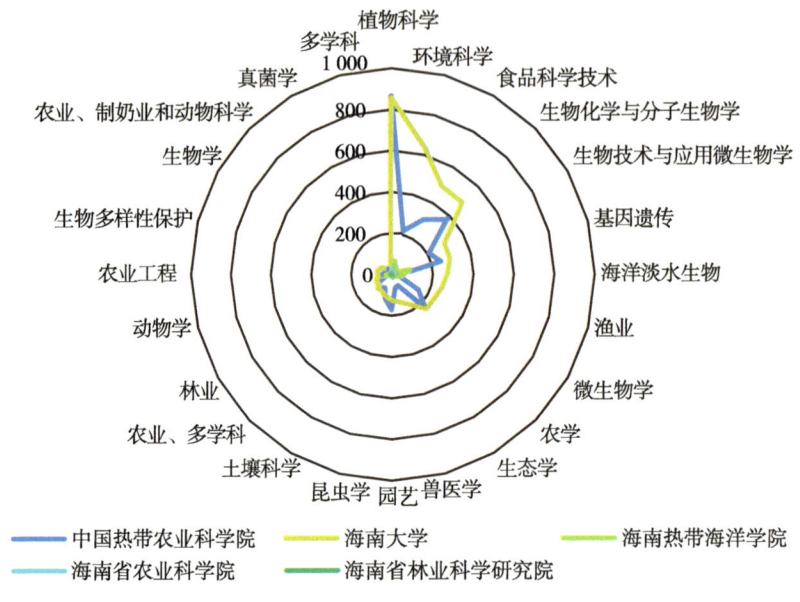

图 3-8　海南省农业核心科研机构 SCI 论文优势学科发文分布情况

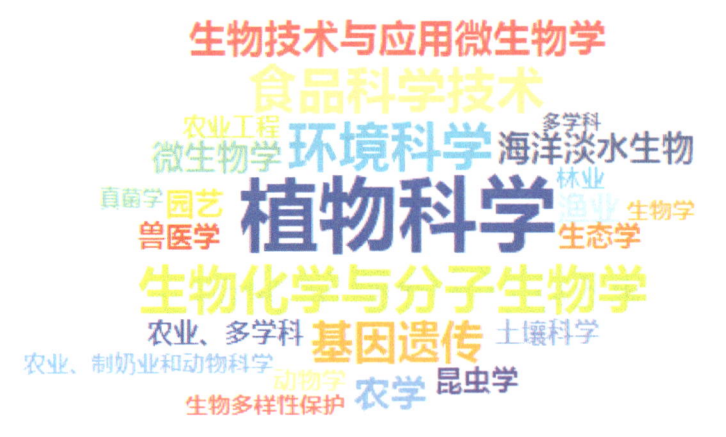

图 3-9　海南省农业核心科研机构 SCI 发文学科词云

生物学，生物技术与应用微生物学，基因遗传，农学，兽医学，农业、制奶业和动物科学；海南省林业科学研究院的优势学科为植物科学，环境科学，生物化学与分子生物学，基因遗传，生态学，林业，生物多样性保护。

综上所述，在农业领域，以 SCI 论文产出的学科分布为考量标准，从海南省农业核心机构整体的 SCI 论文产出的学科分布来看，排在前三位的优势学科依次是植物科学、环境科学和生物化学与分子生物学；从各机构各自的 SCI 论文产出的学科分布来看，中国热带农业科学院和海南大学在植物科学、生物化学与分子生物学和多学科的研究优势远大于其他机构。

3.3.3.2 CNKI 论文总体产出

CNKI 论文产出量

2013—2022 年，在农业领域，海南省农业核心科研机构发表 CNKI 论文共计 14 552 篇，其中，中国热带农业科学院 6 964 篇，排名第一；海南大学 5 064 篇，排名第二；海南省农业科学院 1 023 篇，排名第三；海南省林业科学研究院 564 篇，排名第四；海南热带海洋学院 550 篇，排名第五；三亚市南繁科学技术研究院 238 篇，排名第六；海南省农垦科学院集团有限公司 149 篇，排名第七（表3-11，图3-10）。

2013—2022 年，海南省农业核心科研机构 CNKI 核心作者论文（包括第一作者发表的论文）共计 10 202 篇，其中，核心作者发文量最多的机构为中国热带农业科学院 4 664 篇，其次为海南大学 3 695 篇，中国热带农业科学院 CNKI 发文总量和核心作者论文数量均排名第一，海南大学以上两项指标均排名第二，且中国热带农业科学院和海南大学的 CNKI 发文量和核心作者论文数量远大于其他机构。三亚市南繁科学技术研究院 CNKI 核心作者论文占比最高，为 86.55%，除中国热带农业科学院和海南省农垦科学院集团有限公司以外，其他 5 家机构核心作者论文占比均在 70% 以上（表3-11，图3-10）。

表3-11 海南省农业核心科研机构 CNKI 发文情况

机构名称	发文量（篇）	核心作者论文（篇）	非核心作者论文（篇）	核心作者论文占比（%）
中国热带农业科学院	6 964	4 664	2 300	66.97
海南大学	5 064	3 695	1 369	72.97
海南热带海洋学院	550	387	163	70.36
海南省农业科学院	1 023	747	276	73.02
海南省林业科学研究院	564	410	154	72.70
海南省农垦科学院集团有限公司	149	93	56	62.42
三亚市南繁科学技术研究院	238	206	32	86.55

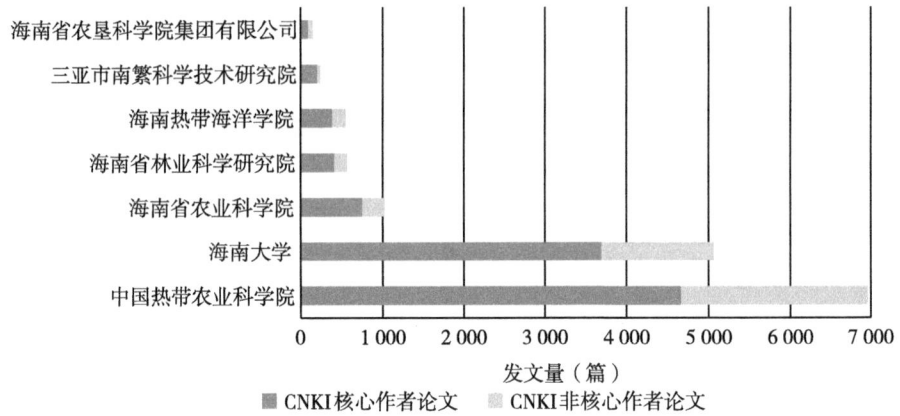

图 3-10　海南省农业核心科研机构 CNKI 发文量分布

综上所述，在农业领域，以 CNKI 论文发文量为考量标准，可以看出中国热带农业科学院的科研生产力最强，海南大学的科研生产力排名第二，中国热带农业科学院和海南大学的科研生产力和核心科研生产力远高于其他机构。

CNKI 论文产出趋势

表 3-12、表 3-13 和图 3-11 清晰展示了 2013—2022 年，在农业领域海南省农业核心科研机构 CNKI 论文年度发文趋势分布情况。海南省 7 家农业核心科研机构 CNKI 论文发文量和核心作者论文数量的年度浮动不大，整体呈逐步下降态势。通过计算各机构近五年（2018—2022 年）CNKI 发文量占 2013—2022 年各自 CNKI 发文总数量的百分比，以及各机构近五年核心作者论文发文量占 2013—2022 年各自核心作者论文发文总数量的百分比，发现近五年各机构 CNKI 发文量占比除海南省林业科学研究院（50.71%）外，其他各机构占比均小于 50%；近五年各机构 CNKI 核心作者论文发文量占比除海南省林业科学研究院（51.95%）外，其他各机构占比均小于 50%。海南省 7 家农业核心科研机构 2022 年合计发表 CNKI 论文 1 308 篇，CNKI 核心作者论文 833 篇，与 2013 年相比发文量减少 257 篇，核心作者论文发文量减少 256 篇；对每年论文发文情况进行统计分析，发现海南省农业核心科研机构 CNKI 论文年度发文量的高峰在 2014 年（1 643 篇）和 2015 年

（1 643篇），在2013—2022年，中国热带农业科学院CNKI论文年度发文量排名第一；海南省农业核心科研机构CNKI核心论文年度发文量的高峰在2015年（1 207篇），在2013—2020年，CNKI核心论文年度发文量最高的是中国热带农业科学院，2021—2022年，CNKI核心论文年度发文量最高的是海南大学；通过计算海南省农业核心科研机构CNKI论文总体发文量的平均年增长率，发现海南省农业核心科研机构CNKI论文发文总量的平均年增长率为-1.97%，CNKI核心论文发文总量的平均年增长率为-2.93%。

综上所述，在农业领域，以CNKI论文年度发文量为考量标准，可以看出中国热带农业科学院的科研生产力基础最好，中国热带农业科学院和海南大学的科研生产力基础远好于其他机构，且海南省农业核心科研机构发文总量平均年增长速率为负；整体来看，海南省农业核心科研机构科研生产力均呈下降趋势，且近五年的科研生产力较前几年明显降低，说明各机构科研生产的重心已由发表中文科技论文转变为发表外文科技论文。

表3-12 海南省农业核心科研机构CNKI发文年代分布情况　　单位：篇

机构名称	发文量									
	2013年	2014年	2015年	2016年	2017年	2018年	2019年	2020年	2021年	2022年
中国热带农业科学院	845	837	804	763	701	639	591	577	627	580
海南大学	512	541	559	541	494	475	447	435	518	542
海南热带海洋学院	41	70	62	84	57	70	30	41	42	53
海南省农业科学院	86	97	106	124	135	120	88	96	100	71
海南省林业科学研究院	43	52	57	54	72	64	70	60	52	40
海南省农垦科学院集团有限公司	18	22	18	12	9	15	8	15	20	12
三亚市南繁科学技术研究院	20	24	28	24	40	25	29	17	21	10

表3-13 海南省农业核心科研机构核心CNKI发文年代分布情况　　单位：篇

机构名称	发文量									
	2013年	2014年	2015年	2016年	2017年	2018年	2019年	2020年	2021年	2022年
中国热带农业科学院	561	580	568	536	512	455	400	381	360	311
海南大学	368	392	438	396	357	340	315	305	373	411
海南热带海洋学院	33	48	46	69	35	52	23	30	21	30

（续表）

机构名称	发文量									
	2013年	2014年	2015年	2016年	2017年	2018年	2019年	2020年	2021年	2022年
海南省农业科学院	68	81	79	97	92	94	62	70	65	39
海南省林业科学研究院	32	35	42	38	50	50	52	49	33	29
海南省农垦科学院集团有限公司	10	15	10	7	6	10	5	10	13	7
三亚市南繁科学技术研究院	17	22	24	23	34	24	22	16	18	6

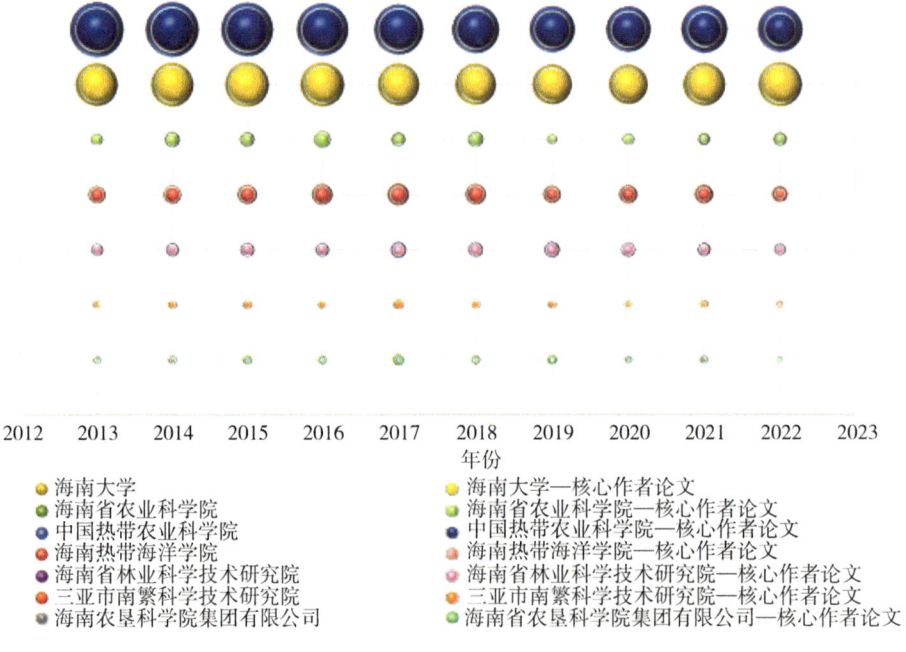

图 3-11 海南省农业核心科研机构 CNKI 论文发文年度趋势

3.3.4 科研影响力分析

3.3.4.1 SCI 论文影响力

SCI 论文被引情况

表 3-14 清晰展示了 2013—2022 年，在农业领域海南省农业核心科研机构 SCI 论文被引情况，具体包括总被引频次、被引论文数量、被引论文占

比、篇均被引情况。海南大学 SCI 论文总被引频次为 57 003 次，被引用论文数量为 3 700 篇，以上两项指标均排名第一，中国热带农业科学院排名第二，海南热带海洋学院、海南省农业科学院和海南省林业科学研究院分列第三至第五。虽然海南大学是他引论文数量和被引频次最高的机构，但篇均被引最高的机构是中国热带农业科学院 15.08 次，且被引论文占比最高的也是中国热带农业科学院（92.83%）；海南大学篇均被引为 14.01 次，排名第二；海南省农业科学院篇均被引为 8.97 次，排名第三；海南省热带海洋学院最低，为 8.49 次。

表 3-14　海南省农业核心科研机构 SCI 论文总体影响力情况

机构名称	发文量（篇）	总被引频次（次）	被引论文数量（篇）	被引论文占比（%）	篇均被引（次）
中国热带农业科学院	2 805	42 288	2 604	92.83	15.08
海南大学	4 069	57 003	3 700	90.93	14.01
海南热带海洋学院	391	3 319	310	79.28	8.49
海南省农业科学院	142	1 274	124	87.32	8.97
海南省林业科学研究院	36	308	33	91.67	8.56

综上所述，在农业领域，以 SCI 论文篇均被引情况为考量标准，可以看出海南省农业核心科研机构中，科研影响力最高的机构是中国热带农业科学院和海南大学，海南省农业科学院排名第三，海南热带海洋学院和海南省林业科学研究院分列第四和第五。中国热带农业科学院和海南大学的外文论文影响力显著高于其他机构。

SCI 论文被引分布

表 3-15 和图 3-12 列出了 2013—2022 年在农业领域海南省农业核心科研机构 SCI 论文被引频次分布情况，各机构被引频次分布为 1~5 次区间的论文数量最多。在论文被引频次为 0 次，SCI 所有作者和核心作者论文数量排前三的机构依次是海南大学、中国热带农业科学院和海南热带海洋学院；论文被引频次为 1~5 次和 6~15 次的区间，SCI 所有作者和核心作者论文数量排名依次为海南大学、中国热带农业科学院、海南热带海洋学院、海南省农业科学院和海南省林业科学研究院；在论文被引频次大于 15 次的区间，SCI 所有作者发表论文数量最多的机构是海南大学 1 081 篇，中国热带农业

科学院次之，为 824 篇，海南热带海洋学院虽然排名第三，但论文数量仅 47 篇，远小于前两家机构的发文数量。

表 3-15 海南省农业核心科研机构 SCI 论文被引频次分布情况

机构名称	SCI 所有作者论文被引频次（TC）的论文数量（篇）				SCI 核心作者论文被引频次（TC）的论文数量（篇）			
	TC=0	TC=1~5	TC=6~15	TC>15	TC=0	TC=1~5	TC=6~15	TC>15
中国热带农业科学院	201	908	872	824	133	592	585	480
海南大学	369	1 491	1 128	1 081	273	1 099	763	656
海南热带海洋学院	82	175	87	47	47	83	35	15
海南省农业科学院	18	60	34	30	2	21	8	4
海南省林业科学研究院	3	20	4	9	0	7	1	5

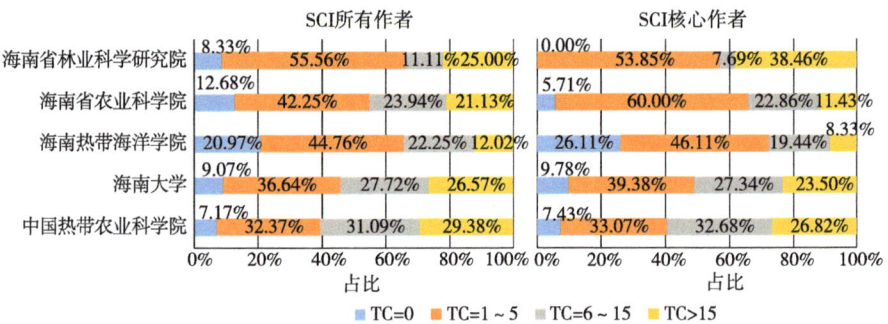

图 3-12 海南省农业核心科研机构 SCI 论文被引频次占比

从被引频次占比分布看，论文被引频次为 0 次，SCI 所有作者论文被引频次占比最小的机构为中国热带农业科学院（7.17%），SCI 核心作者论文被引频次占比最小的机构为海南省林业科学研究院（0），海南热带海洋学院以所有作者论文被引频次占比 20.97% 和核心作者论文被引频次占比 26.11%，为被引频次为 0 论文数量最多的机构。在论文被引频次大于 15 次的区间，SCI 所有作者论文被引频次占比最大的机构为中国热带农业科学院（29.38%），核心作者论文被引频次占比最大的机构为海南省林业科学研究院（38.46%）。

综上所述，在农业领域，以 SCI 论文被引频次分布情况为考量标准，可以看出海南省农业核心科研机构中 SCI 所有作者论文影响力最高的机构是中国热带农业科学院,海南省林业科学研究院的 SCI 核心作者论文影响力最高。

SCI 论文学科规范化引文影响力

本研究通过将 SCI-E 数据库中检索到的海南省农业核心科研机构的 SCI 论文数据集导入 InCites 平台,利用 InCites 计算出海南省农业核心科研机构的学科规范化引文影响力(Category Normalized Citation Impact,CNCI)。学科规范化引文影响力(CNCI)最高的机构是海南省林业科学研究院(1.39),海南大学次之(1.32),中国热带农业科学院排名第三(1.08),以上 3 家机构学科规范化引文影响力均大于全球 CNCI 平均值 1(图 3-13)。

综上所述,在农业领域,以学科规范化引文影响力为考量标准,海南省林业科学研究院科研影响力最高,海南大学次之,中国热带农业科学院排名第三。

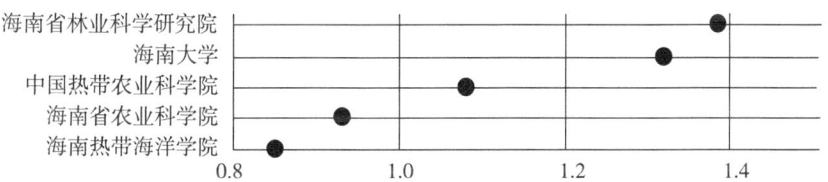

图 3-13 海南省农业核心科研机构的 SCI 论文学科规范化引文影响力概况

3.3.4.2 CNKI 论文影响力

CNKI 论文被引情况

表 3-16 和图 3-14 清晰展示了 2013—2022 年,在农业领域海南省农业核心科研机构 CNKI 论文被引情况,具体包括了总被引频次、被引论文数量、被引论文占比、篇均被引情况。中国热带农业科学院 CNKI 论文总被引频次为 45 303 次,被引论文数量为 6 115 篇,以上两项指标均排名第一;海南大学 CNKI 论文总被引频次为 32 814 次,被引论文数量为 5 064 篇,均排名第二;海南省农业科学院 CNKI 论文总被引频次为 5 738 次,被引论文数量为 1 023 篇,均排名第三;海南热带海洋学院 CNKI 论文总被引频次为 2 829 次,排名第四;海南热带海洋学院和海南省林业科学研究院被引论文

数量均为448篇,并列第四;海南省林业科学研究院CNKI论文总被引频次为2 449次,三亚市南繁科学技术研究院CNKI论文总被引频次为1 021次,海南省农垦科学院集团有限公司CNKI论文总被引频次为793次,分列第五至第七;三亚市南繁科学技术研究院CNKI被引论文数量171篇,海南省农垦科学院集团有限公司CNKI被引用论文数量117篇,分列第六和第七。海南大学CNKI被引论文占比88.37%,排名第一;中国热带农业科学院CNKI被引论文占比87.81%,以微弱差别排名第二;海南省农业科学院CNKI被引论文占比85.92%,排名第三;海南热带海洋学院以81.45%排名第四;海南省林业科学研究院以79.43%排名第五;海南省农垦科学院集团有限公司以78.52%排名第六;三亚市南繁科学技术研究院以71.85%排名第七。CNKI篇均被引排名第一的机构为中国热带农业科学院(7.41次),海南大学(7.33次)排名第二,海南省农垦科学院集团有限公司(6.78次)排名第三,海南省农业科学院(6.53次),海南热带海洋学院(6.31次),三亚市南繁科学技术研究院(5.97次),海南省林业科学研究院(5.47次),分列第四至第七。

表3-16 海南省农业核心科研机构CNKI论文总体影响力情况

机构名称	发文量(篇)	总被引频次(次)	被引论文数量(篇)	被引论文占比(%)	篇均被引(次)
中国热带农业科学院	6 964	45 303	6 115	87.81	7.41
海南大学	5 064	32 814	4 475	88.37	7.33
海南热带海洋学院	550	2 829	448	81.45	6.31
海南省农业科学院	1 023	5 738	879	85.92	6.53
海南省林业科学研究院	564	2 449	448	79.43	5.47
海南省农垦科学院集团有限公司	149	793	117	78.52	6.78
三亚市南繁科学技术研究院	238	1 021	171	71.85	5.97

综上所述,在农业领域,以CNKI论文总被引频次为考量标准,可以看出海南省农业核心科研机构中科研影响力最高的机构是中国热带农业科学院,海南大学其次,二者的影响力远大于其他机构,且中国热带农业科学院优势更突出,其他机构中海南省农业科学院排名第三,海南热带海洋学

院、海南省林业科学研究院、三亚市南繁科学技术研究院和海南省农垦科学院集团有限公司，分列第四至第七。

CNKI 论文被引分布

表 3-17 和图 3-14 清晰展示了 2013—2022 年，在农业领域海南省农业核心科研机构 CNKI 论文被引频次分布情况，各机构被引频次分布在 1~5 次区间的 CNKI 所有作者和核心作者论文数量最多。在论文被引频次为 0 次，按照各机构 CNKI 所有作者和核心作者发表论文数量由多到少排名，依次为中国热带农业科学院、海南大学、海南省农业科学院、海南省林业科学研究院、海南热带海洋学院、三亚市南繁科学技术研究院和海南省农垦科学院集团有限公司；在论文被引频次为 1~5 次和 6~15 次的区间，CNKI 所有作者和核心作者论文数量的机构排名依次为中国热带农业科学院、海南大学、海南省农业科学院、海南省林业科学研究院、海南热带海洋学院、三亚市南繁科学技术研究院和海南省农垦科学院集团有限公司；在论文被引频次大于 15 次的区间，CNKI 所有作者和核心作者论文数量最多的机构是中国热带农业科学院，CNKI 所有作者论文数量 636 篇，CNKI 核心作者论文数量 410 篇；海南大学次之，其 CNKI 所有作者论文数量 465 篇，CNKI 核心作者论文数量 327 篇；海南省农业科学院排名第三，CNKI 所有作者论文数量 70 篇，CNKI 核心作者论文数量 42 篇，虽然排名第三但发文数量远小于前两家机构。从被引频次占比分布看，论文被引频次为 0 次，CNKI 所有作者和核心作者论文被引频次占比最小的机构为中国热带农业科学院，分别为 12.19% 和 11.64%，占比最大的机构为海南省林业科学研究院，分别为 20.57% 和 22.93%。在论文被引频次大于 15 次的区间，CNKI 所有作者论文被引频次占比最大的机构为海南大学（9.18%），中国热带农业科学院（9.13%）以极小的差距位居第二；CNKI 核心作者论文被引频次占比最大的机构为海南大学（8.85%），中国热带农业科学院（8.79%）以很小的差距位列第二；海南大学和中国热带农业科学院发表的被引频次高于 15 次的论文占比明显高于其他机构。

综上所述，在农业领域，以 CNKI 论文被引频次分布情况为考量标准，可以看出海南省农业核心科研机构中科研影响力最高的机构是中国热带农业科学院，海南大学紧随其后，这两家机构的 CNKI 论文学术影响力明显大于其他机构。

表 3-17　海南省农业核心科研机构 CNKI 论文被引频次分布情况

机构名称	CNKI 所有作者论文被引频次的论文数量（篇）				CNKI 核心作者论文被引频次的论文数量（篇）			
	TC=0	TC=1~5	TC=6~15	TC>15	TC=0	TC=1~5	TC=6~15	TC>15
中国热带农业科学院	849	3 343	2 136	636	543	2 261	1 450	410
海南大学	589	2 451	1 559	465	441	1 807	1 120	327
海南热带海洋学院	102	288	125	35	73	203	89	22
海南省农业科学院	144	547	262	70	98	422	185	42
海南省林业科学研究院	116	312	116	20	94	232	75	9
海南省农垦科学院集团有限公司	32	75	35	7	27	46	17	3
三亚市南繁科学技术研究院	39	128	53	18	35	113	46	12

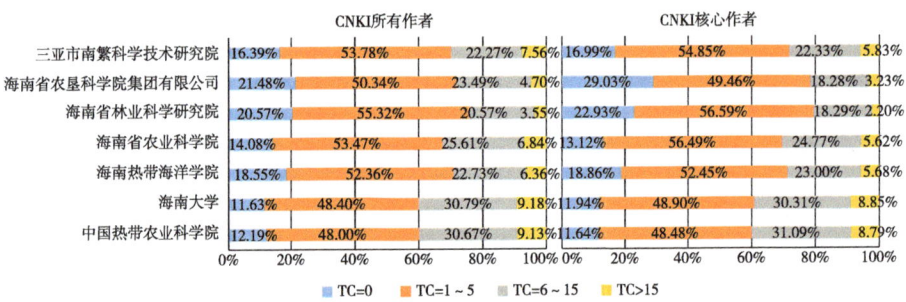

图 3-14　海南省农业核心科研机构科研 CNKI 论文被引频次占比

3.3.5　科研卓越力分析

3.3.5.1　SCI 论文卓越力

<u>SCI 高质量期刊论文</u>

高质量期刊论文是指在高质量期刊上发表的论文。本研究定义 SCI 高质量期刊为在 JCR 数据库中期刊分区为 Q1 区的期刊，即发表在 Q1 区期刊的论文为 SCI 高质量期刊论文。

表 3-18 展示了 2013—2022 年在农业领域海南省农业核心科研机构所有

作者在 Q1 区期刊发表的 SCI 高质量期刊论文发布情况，SCI 高质量期刊论文数量最多的机构是海南大学，为 2 249 篇，排名第二的机构是中国热带农业科学院，为 1 448 篇，排名第三的是海南热带海洋学院，为 108 篇。SCI 排名前 1%论文和排名前 10%论文数量最多的机构都是海南大学，分别为 94 篇和 692 篇；中国热带农业科学院排名第二，分别为 37 篇和 337 篇；海南热带海洋学院排名第三，分别为 3 篇和 21 篇。海南大学和中国热带农业科学院的 SCI 高质量期刊论文数量远多于其他机构。发表的高质量期刊论文占比最高的机构是海南大学（55.27%），中国热带农业科学院（51.62%）排名第二，海南省农业科学院（49.30%）排名第三。

表 3-18　海南省农业核心科研机构 SCI 高质量期刊论文发布情况

机构名称	高质量期刊论文（篇）	高质量论文占比（%）	排名前 1%论文数量（篇）	排名前 10%论文数量（篇）
中国热带农业科学院	1 448	51.62	37	337
海南大学	2 249	55.27	94	692
海南热带海洋学院	108	27.62	3	21
海南省农业科学院	70	49.30	1	14
海南省林业科学研究院	13	36.11	1	5

综上所述，在农业领域，以 SCI 高质量期刊论文发布情况为考量标准，可以看出海南省农业核心科研机构中高质量科研成果最多的机构是海南大学，但高质量科研成果占比最高的是中国热带农业科学院。

高被引论文

本研究将超过海南省农业核心科研机构论文被引基线的论文定义为高被引论文，论文被引基线=总被引频次/发文总量。

2013—2022 年，在农业领域，海南省农业核心科研机构共发表 SCI 论文 7 443 篇，总被引频次 104 192 次，平均被引频次约为 14 次，故 SCI 论文高被引基线定为 14，被引频次大于 14 的论文即为 SCI 高被引论文。表 3-19 展示了海南省农业核心科研机构 SCI 高被引论文发布情况，海南省 5 家农业核心机构发表的 SCI 高被引论文占被引论文总数的比例为 31.25%。SCI 所有作者高被引论文和核心作者高被引论文数量最多的机构是海南大学，分别为 1 159 篇和 705 篇；排名第二的机构是中国热带农业科学院，其所有作者高被引论文 867 篇，核心作者高被引论文 504 篇；第三是海南热带海洋学院的 50 篇和 16 篇；海南大学和中国热带农业科学院无论是 SCI 所有作者高被引论文数量还是 SCI 核心作者高被引论文数量均远多于其他机构。虽然海南大学 SCI 高被引论文数量最多，但中国热带农业科学院的 SCI 所有作者高被引论文占比和核心作者高被引论文占比最高，分别为 33.29% 和 19.35%；海南大学排名第二，其 SCI 所有作者高被引论文占比 31.32%，SCI 核心作者高被引论文占比 19.05%；SCI 所有作者高被引论文占比排名第三的机构是海南省农业科学院（25.81%）；SCI 核心作者高被引论文占比第三的机构是海南省林业科学研究院（15.15%）。

表 3-19　海南省农业核心科研机构 SCI 高被引论文及占比分布情况

机构名称	所有作者高被引论文（篇）	核心作者高被引论文（篇）	所有作者高被引论文占比（%）	核心作者高被引论文占比（%）
中国热带农业科学院	867	504	33.29	19.35
海南大学	1 159	705	31.32	19.05
海南热带海洋学院	50	16	16.13	5.16
海南省农业科学院	32	5	25.81	4.03
海南省林业科学研究院	8	5	24.24	15.15

综上所述，在农业领域，以 SCI 高被引论文及占比分布情况为考量标准，可以看出海南省农业核心科研机构中 SCI 高被引论文发文量最多的机构是海南大学，无论是 SCI 所有作者还是核心作者高被引论文占比最高的机构是中国热带农业科学院。

高被引论文学科分布

表 3-20 和图 3-15 列出了 2013—2022 年在农业领域海南省农业核心科研机构 SCI 高被引论文学科分布情况，可以看出，植物科学（450 篇）是 SCI 高被引论文数量最多的学科；生物化学与分子生物学（300 篇）排名第二；多学科（286 篇）排名第三；环境科学（237 篇）排名第四；食品科学技术（196 篇）排名第五；生物技术与应用微生物学（137 篇）排名第六；渔业（109 篇）排名第七；农学（90 篇）排名第八；微生物学（78 篇）排

名第九；农业、多学科（68篇）排名第十；农业工程（60篇）排名第十一，其他学科的SCI高被引论文数量小于50篇。SCI高被引论文被引频次最多的学科也是植物科学（12 574次），多学科（11 818次）排名第二；环境科学（8 768次）排名第三；生物化学与分子生物学（8 218次）排名第四；食品科学技术（7 142次）排名第五；其他学科SCI高被引论文被引频次均小于5 000次。

表 3-20 海南省农业核心科研机构SCI高被引论文学科分布情况

学科类别	中国热带农业科学院		海南大学		海南热带海洋学院		海南省农业科学院		海南省林业科学研究院	
	高被引论文数(篇)	高被引频次(次)	高被引论文数(篇)	高被引频次(次)	高被引论文数(篇)	高被引频次(次)	高被引论文数(篇)	高被引频次(次)	高被引论文数(篇)	高被引频次(次)
植物科学	236	6 973	208	5 490	1	12	5	99	0	0
农学	44	1 534	44	1 523	1	94	0	0	1	22
农业、制奶业和动物科学	14	452	11	323	0	0	1	33	0	0
农业工程	20	709	39	1 433	0	0	1	12	0	0
农业、多学科	34	1 298	32	1 226	0	0	2	61	0	0
园艺	22	772	6	194	0	0	0	0	0	0
渔业	9	211	94	2 584	6	97	0	0	0	0
林业	13	310	4	64	0	0	2	47	0	0
食品科学技术	89	3 638	100	3 260	6	225	1	19	0	0
生物学	4	85	24	525	0	0	0	0	0	0
生物技术与应用微生物学	70	2 759	61	1 583	3	133	3	65	0	0
生物化学与分子生物学	156	4 038	130	3 865	9	207	3	68	2	40
生物多样性保护	0	0	5	125	0	0	0	0	0	0
基因遗传	24	530	21	454	1	77	2	56	0	0
生态	13	721	23	720	0	0	0	0	0	0
环境科学	64	2 284	162	6 007	10	453	1	24	0	0
昆虫学	18	342	10	221	0	0	2	36	1	14
兽医学	1	13	6	111	0	0	2	44	0	0
动物学	2	34	3	128	2	27	0	0	1	19
土壤科学	19	912	20	1 170	0	0	1	19	0	0

(续表)

学科类别	中国热带农业科学院		海南大学		海南热带海洋学院		海南省农业科学院		海南省林业科学研究院	
	高被引论文数(篇)	高被引频次(次)	高被引论文数(篇)	高被引频次(次)	高被引论文数(篇)	高被引频次(次)	高被引论文数(篇)	高被引频次(次)	高被引论文数(篇)	高被引频次(次)
多学科	152	5 251	114	5 718	7	459	11	345	2	45
微生物学	32	841	44	1 299	2	33	0	0	0	0
真菌学	2	35	8	176	0	0	0	0	0	0
海洋淡水生物	7	17	99	3 328	6	136	0	0	0	0

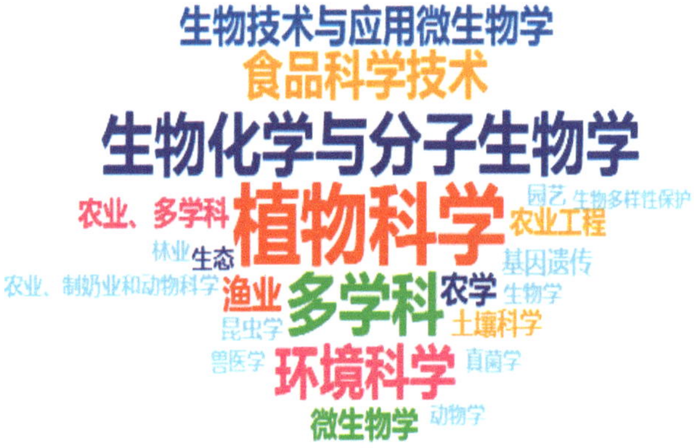

图 3-15　海南省农业核心科研机构 SCI 卓越学科分布情况

植物科学学科方向发表的 SCI 高被引论文数量最多的机构是中国热带农业科学院（236 篇），海南大学次之（208 篇），其他机构在植物科学学科发表的 SCI 高被引论文数量均少于 10 篇。植物科学学科方向发表的 SCI 高被引论文被引频次最多的机构是中国热带农业科学院（6 973 次），排名第二的机构是海南大学（5 490 次），海南省农业科学院（99 次）排名第三；其他机构在植物科学学科发表 SCI 高被引论文被引频次均少于 15 次。

多学科方向发表的 SCI 高被引论文数量最多的机构是中国热带农业科学院（152 篇），海南大学次之（114 篇），其他机构在植物科学学科发表的 SCI 高被引论文数量均小于 10 篇。多学科方向发表的 SCI 高被引论文被引频次最多的机构是海南大学（5 718 次），中国热带农业科学院（5 251 次）排名第二；海南热带海洋学院（459 次）排名第三；其他机构在多学科方向发表的 SCI 高被引论文被引频次均少于 400 次。

生物化学与分子生物学学科方向发表的 SCI 高被引论文数量最多的机构是中国热带农业科学院（156 篇），海南大学（130 篇）排名第二，其他机构在植物科学学科发表的 SCI 高被引论文数量均少于 10 篇。生物化学与分子生物学学科方向发表的 SCI 高被引论文被引频次最多的机构是海南大学（4 038 次），排名第二的机构是中国热带农业科学院（3 865 次），海南热带海洋学院（207 次）排名第三；其他机构在植物科学学科发表 SCI 高被引论文被引频次均少于 70 次。

环境科学学科方向发表的 SCI 高被引论文数量最多的机构是海南大学（162 篇），中国热带农业科学院次之（64 篇），其他机构在植物科学学科发表的 SCI 高被引论文数量均少于 11 篇。环境科学学科方向发表的 SCI 高被引论文被引频次最多的机构是海南大学（6 007 次），中国热带农业科学院（2 284 次）排名第二；海南热带海洋学院（453 次）排名第三；其他机构在多学科方向发表的 SCI 高被引论文被引频次均少于 25 次。

综上所述，在农业领域，以 SCI 高被引论文数量及其被引频次的学科分布情况为考量标准，可以看出海南省农业核心科研机构的卓越学科是植物科学、生物化学与分子生物学、多学科和环境科学；植物科学学科方向机构卓越力排名前三的是中国热带农业科学院、海南大学和海南省农业科学院，多学科、生物化学与分子生物学和环境科学学科方向机构卓越力排名前三的均是海南大学、中国热带农业科学院和海南热带海洋学院。

3.3.5.2　CNKI 论文卓越力

<u>CNKI 高质量期刊论文</u>

本研究定义 CNKI 高质量期刊为北京大学《中文核心期刊要目总览》来源期刊和中文社会科学引文索引（CSSCI）收录的期刊（以下简称中文核心期刊），将在中文核心期刊上发表的论文定义为 CNKI 高质量期刊论文。

表 3-21 清晰展示了 2013—2022 年，在农业领域海南省农业核心科研机构发表的 CNKI 高质量期刊论文分布情况。海南省农业核心科研机构共发表 CNKI 高质量期刊论文 8 578 篇，占所有机构总发文量的 58.95%。其中，中国热带农业科学院发表 CNKI 高质量期刊论文 4 039 篇，占所有机构总发文量的 27.76%，排名第一；海南大学发表 CNKI 高质量期刊论文 3 530 篇，占

所有机构总发文量的24.26%，排名第二；海南省农业科学院发表CNKI高质量期刊论文575篇，占所有机构总发文量的3.95%，排名第三；海南热带海洋学院（198篇，1.36%）、海南省林业科学研究院（119篇，0.82%）、三亚市南繁科学技术研究院（69篇，0.47%）和海南省农垦科学院集团有限公司（48篇，0.33%），分列第四至第七。各机构根据发表CNKI高质量期刊论文占比进行排名，第一至第七分别为：海南大学（69.71%）、中国热带农业科学院（58.00%）、海南省农业科学院（56.21%）、海南热带海洋学院（36.00%）、海南省农垦科学院集团有限公司（32.21%）、三亚市南繁科学技术研究院（28.99%）和海南省林业科学研究院（21.10%）。

表3-21　CNKI高质量期刊论文发布情况

机构名称	CNKI发文量（篇）	CNKI高质量期刊论文（篇）	CNKI高质量期刊论文占比（%）
中国热带农业科学院	6 964	4 039	58.00
海南大学	5 064	3 530	69.71
海南热带海洋学院	550	198	36.00
海南省农业科学院	1 023	575	56.21
海南省林业科学研究院	564	119	21.10
海南省农垦科学院集团有限公司	149	48	32.21
三亚市南繁科学技术研究院	238	69	28.99

注：高质量期刊论文占比=各机构发表CNKI高质量期刊论文数/本机构CNKI发文量。

综上所述，在农业领域，以CNKI高质量期刊论文发布情况为考量标准，可以看出海南省农业核心科研机构中，科研卓越力最强的机构是中国热带农业科学院，且明显优于其他机构。

高被引论文

海南省农业核心科研机构共发表CNKI论文14 552篇，总被引频次90 947次，平均被引频次约为6次，故CNKI论文高被引基线定为6，被引频次大于6的论文即为CNKI高被引论文。

表3-22清晰展示了2013—2022年，在农业领域海南省农业核心科研机构CNKI高被引论文的发布情况，海南省农业核心科研机构发表的CNKI高被引论文占被引论文总数的比例为37.36%。CNKI所有作者高被引论文和

核心作者高被引论文数量最多的机构是中国热带农业科学院，分别为2 362篇和1 570篇；排名第二的机构是海南大学，分别为1 744篇和1 251篇；第三是海南省农业科学院，分别为280篇和189篇。CNKI所有作者高被引论文占比最高的机构仍是海南大学（34.44%），中国热带农业科学院（33.92%）以微小差距位列第二，海南省农业科学院（27.37%）排名第三，其他机构CNKI所有作者高被引论文占比均小于25%；CNKI核心作者高被引论文占比最高的机构是海南大学（24.70%），中国热带农业科学院（22.54%）以较小的差距位列第二，三亚市南繁科学技术研究院（19.75%）排名第三，其他机构的CNKI核心作者高被引论文占比均小于19%。

表3-22 海南省农业核心科研机构CNKI高被引论文发布情况

机构名称	所有作者高被引论文（篇）	核心作者高被引论文（篇）	所有作者高被引论文占比（%）	核心作者高被引论文占比（%）
中国热带农业科学院	2 362	1 570	33.92	22.54
海南大学	1 744	1 251	34.44	24.70
海南热带海洋学院	134	90	24.36	16.36
海南省农业科学院	280	189	27.37	18.48
海南省林业科学研究院	112	66	19.86	11.70
海南省农垦科学院集团有限公司	37	17	24.83	11.41
三亚市南繁科学技术研究院	58	47	24.37	19.75

综上所述，在农业领域，以CNKI高被引论文发布情况为考量标准，可以看出海南省农业核心科研机构中无论是所有作者还是核心作者高被引论文发表数量最高的机构都是中国热带农业科学院。

3.3.6 科研合作力分析

3.3.6.1 SCI科研合作产出

SCI科研合作力重点以海南省各农业核心科研机构的合作论文数量及合作论文占比情况为考量。本研究统计了各机构SCI所有作者论文、国际合作论文数量和国内合作论文发文情况。通过计算各自机构国际和国内合作论文占比对 SCI 科研合作力进行分析。具体计算方法如下：

SCI 国际合作论文占比＝SCI 国际合作论文数/SCI 所有作者论文数

SCI 国内合作论文占比＝SCI 国内合作论文数/SCI 所有作者论文数

表 3-23 和图 3-16 清晰展示了 2013—2022 年，在农业领域海南省农业核心科研机构 SCI 论文合作发布情况，海南省农业核心科研机构共发表 SCI 合作论文 6 234 篇，其中，国际合作论文 1 712 篇，占比 27.46%；国内合作论文 4 522 篇，占比 72.54%。SCI 国际和国内合作论文数量最多的机构是海南大学，合作论文数量分别为 1 030 篇和 2 281 篇；但 SCI 国际合作论文占比最高的机构是海南省林业科学研究院，为 41.67%；SCI 国内合作论文占比最高的机构是海南省农业科学院，为 80.99%；中国热带农业科学院 SCI 国际合作论文为 594 篇，SCI 国内合作论文为 1 908 篇，以上两项指标均排名第二，SCI 国际和国内合作论文占比分列第三和第二，分别为 21.18% 和 68.02%。

表 3-23 海南省农业核心科研机构 SCI 论文合作产出情况

机构名称	国际合作论文数量（篇）	国际合作论文占比（%）	国内合作论文数量（篇）	国内合作论文占比（%）
中国热带农业科学院	594	21.18	1 908	68.02
海南大学	1 030	25.31	2 281	56.06
海南热带海洋学院	54	13.81	207	52.94
海南省农业科学院	19	13.38	115	80.99
海南省林业科学研究院	15	41.67	11	30.56

综上所述，在农业领域，以 SCI 国内外合作论文发布情况为考量标准，可以看出海南省农业核心科研机构科研合作产出最高的机构是海南大学，且海南大学和中国热带农业科学院的科研合作产出远大于其他机构；海南省林业科学研究院是国际合作论文占比最高的机构，海南省农业科学院的国内合作论文占比最高。

3.3.6.2 CNKI 科研合作产出

CNKI 科研合作产出重点以海南省各农业核心科研机构的合作论文数量及合作论文占比情况为考量。本研究统计各机构 CNKI 所有作者论文数量、

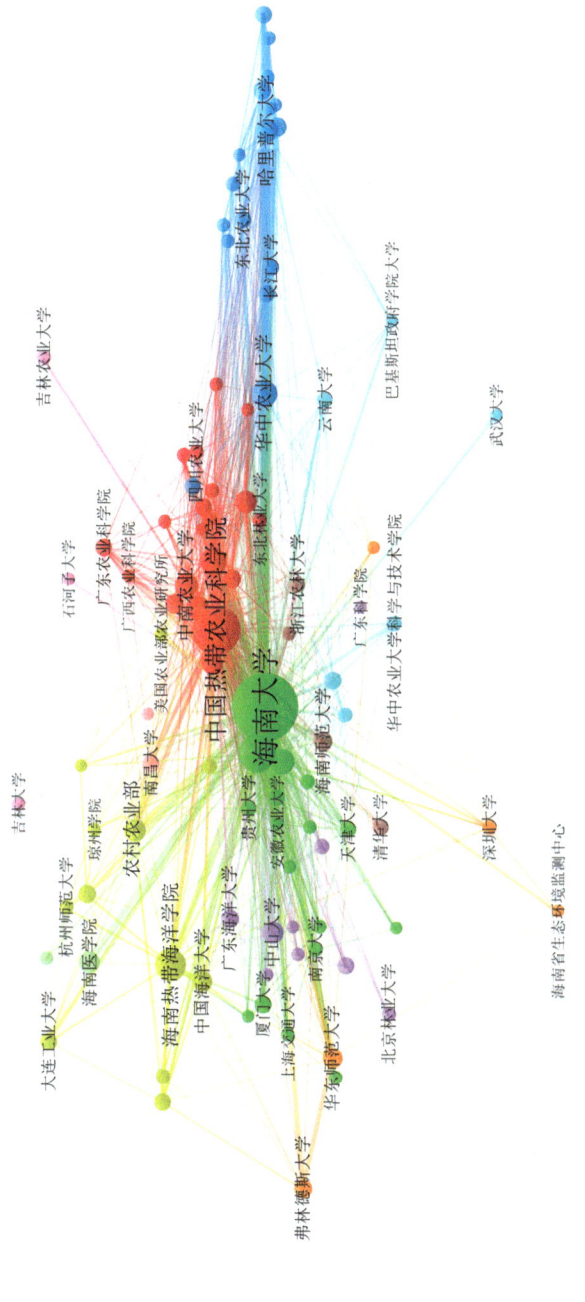

图3-16 海南省农业核心科研机构SCI论文合作情况

注：图中机构为发文量≥20篇的机构。

国际合作论文数量和国内合作论文发文情况。通过计算各自机构的国际和国内合作论文占比,对 CNKI 科研合作力进行分析。具体计算方法如下:

CNKI 国际合作论文占比=CNKI 国际合作论文数/CNKI 所有作者论文数

CNKI 国内合作论文占比=CNKI 国内合作论文数/CNKI 所有作者论文数

表 3-24 和图 3-17 清晰展示了 2013—2022 年,在农业领域海南省农业核心科研机构 CNKI 论文合作发布情况,海南省农业核心科研机构共发表 CNKI 合作论文 9 915 篇,其中,国际合作论文 67 篇,占比 0.68%;国内合作论文 9 848 篇,占比 99.32%,说明海南省农业核心科研机构发表中文论文主要与国内机构合作,极少与国外机构合作。CNKI 国际和国内合作论文数量最多的机构是中国热带农业科学院,合作论文数量分别为 37 篇和 4 782 篇;CNKI 国内合作论文和国际合作论文占比最高的机构是海南省农垦科学院集团有限公司(73.83%和 0.67%);海南大学 CNKI 国际合作论文 26 篇,CNKI 国内合作论文 3 579 篇,排名第二。

综上所述,在农业领域,以 CNKI 国内合作论文发布情况为考量标准,可以看出海南省农业核心科研机构科研合作产出最高的机构是中国热带农业科学院,且中国热带农业科学院和海南大学的科研合作产出远大于其他机构;CNKI 国内合作论文占比和 CNKI 国际合作论文占比最高的机构均为海南省农垦科学院集团有限公司。

表 3-24 海南省农业核心科研机构 CNKI 论文合作产出情况

机构名称	国际合作论文(篇)	国际合作论文占比(%)	国内合作论文(篇)	国内合作论文占比(%)
中国热带农业科学院	37	0.53	4 782	68.67
海南大学	26	0.51	3 579	70.68
海南热带海洋学院	2	0.36	349	63.45
海南省农业科学院	1	0.10	631	61.68
海南省林业科学研究院	0	0.00	281	49.82
海南省农垦科学院集团有限公司	1	0.67	110	73.83
三亚市南繁科学技术研究院	0	0.00	116	48.74

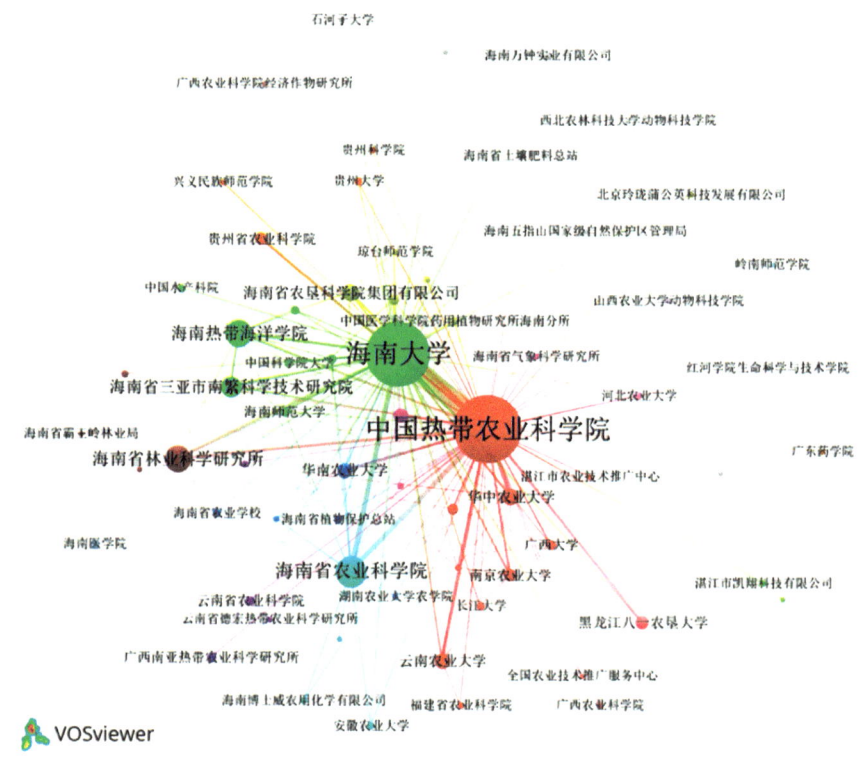

图 3-17　海南省农业核心科研机构 CNKI 论文合作情况

注：图中机构为发文量≥10 篇的机构。

3.3.7　农业专利竞争力分析

机构农业总体专利竞争力指数，从机构专利竞争力来看，在农业领域，海南省农业核心科研机构专利竞争力排名前三的依次是中国热带农业科学院、海南大学、海南省农业科学院，中国热带农业科学院和海南大学的专利竞争力指数得分为 10 分和 7.17 分，显著高于排名第三的海南热带海洋学院（3.83 分），三亚市南繁科学技术研究院（2.39 分）、海南省农业科学院（1.87 分）、海南省农垦科学院集团有限公司（1.49 分）和海南省林业科学研究院（1.3 分）分列第四至第七（表 3-25）。这说明隶属于农业农村部的中国热带农业科学院和由教育部、海南省人民政府部省联合建校的海南大学的技术生产力、技术影响力、技术认可力和技术保护力均明显高于其他机构。

表 3-25 2013—2022 年海南省农业核心科研机构在农业领域专利竞争力指数

机构名称	专利竞争力（一级指标）		申请量（二级指标）			总被引频次（二级指标）			授权率（二级指标）			国际专利量（二级指标）		
	得分（分）	排名	数值（件）	得分（分）	排名	数值（次）	得分（分）	排名	数值（%）	得分（分）	排名	数值（件）	得分（分）	排名
中国热带农业科学院	10	1	5 753	10	1	6 283	10	1	49.96	10	1	65	10	1
海南大学	7.17	2	3 459	6.01	2	4 175	6.64	2	36.64	7.4	4	56	8.62	2
海南热带海洋学院	3.83	3	783	1.36	3	573	0.91	3	43.40	8.6	3	29	4.46	3
海南省农业科学院	1.87	5	524	0.91	4	301	0.48	4	29.41	5.8	5	2	0.31	4
海南省林业科学研究院	1.3	7	178	0.31	5	171	0.27	5	22.86	4.6	7	0	0	5
海南省农垦科学院集团有限公司	1.49	6	148	0.26	6	56	0.09	6	27.78	5.6	6	0	0	5
三亚市南繁科学技术研究院	2.39	4	42	0.07	7	48	0.08	7	47.37	9.4	2	0	0	5

从技术生产力来看，海南省农业核心科研机构专利申请数量合计 10 887 件；其中，中国热带农业科学院专利申请 5 753 件，占海南省农业核心科研机构近十年专利申请总量的 52.84%，排名第一；海南大学专利申请 3 459 件，占专利总量的 31.77%，排名第二；海南热带海洋学院专利申请 783 件，占专利总量的 7.19%，排名第三；海南省农业科学院（524 件，4.81%）、海南省林业科学研究院（178 件，1.63%）、海南省农垦科学院集团有限公司（148 件，1.36%）和三亚市南繁科学技术研究院（42 件，0.39%），分列第四至第七。

从技术影响力来看，海南省农业核心科研机构有被引记录发明专利合计 2 804 件。中国热带农业科学院、海南大学和海南热带海洋学院的授权有效专利被引频次分别为 6 283 次、4 175 次和 573 次，位列前三，海南省农垦科学院集团有限公司（301 次）、海南省农业科学院（171 次）、海南省林业科学研究院（56 次）和三亚市南繁科学技术研究院（48 次），分列第四至第七。

从技术认可力来看，海南省农业核心科研机构发明专利申请量合计5221件，发明专利授权量2265件，发明专利授权率43.38%。中国热带农业科学院发明专利授权率49.96%，排名第一；三亚市南繁科学技术研究院发明专利授权率47.37%，排名第二；海南热带海洋学院发明专利授权率43.40%，排名第三；海南大学36.64%、海南省农业科学院29.41%、海南省农垦科学院集团有限公司27.78%和海南省林业科学研究院22.86%，分列第四至第七。

从技术保护力来看，海南省农业核心科研机构取得外国专利合计152件，其中，发明专利145件，实用新型专利7件，国际发明专利授权率为27.19%；国际专利申请数量最多的机构是中国热带农业科学院（65件），海南大学（56件）排第二，海南热带海洋学院（29件）排第三，海南省农业科学院（2件）排第四，其他3家机构均未见国际专利申请。

3.3.8 技术生产力分析

3.3.8.1 专利总体产出

2013—2022年，在农业领域，海南省农业核心科研机构专利申请共计10887件，其中，发明专利申请5221件，发明专利授权2265件，实用新型专利3401件。其中高居榜首的是中国热带农业科学院，专利申请量5753件，占海南省农业核心科研机构近十年专利申请总量的52.84%；海南大学专利数量3459件，占专利申请总量的31.77%，排名第二；海南热带海洋学院专利申请数量783件，占专利申请总量的7.19%，排名第三；海南省农业科学院（524件，4.81%）、海南省林业科学研究院（178件，1.63%）、海南省农垦科学院集团有限公司（148件，1.36%）和三亚市南繁科学技术研究院（42件，0.39%），分列第四至第七。中国热带农业科学院专利申请数量是海南大学的1.66倍，是海南热带海洋学院的7.35倍，是其他机构专利申请数量的10倍以上，说明中国热带农业科学院的专利产出在海南农业核心科研机构中处于领先。

2013—2022年，在农业领域，海南省7家农业核心科研机构年专利平均申请量1555件，7家机构中高于平均专利申请数量的机构有2个，分别为中国热带农业科学院和海南大学。中国热带农业科学院、海南大学和三亚市南繁科学技术研究院的发明专利数量大于实用新型专利数量，其他4家机构的实用新型专利数量大于发明专利数量。中国热带农业科学院发明专利申请量2 690件，排名第一；海南大学发明专利申请量1 954件，排名第二；海南热带海洋学院发明专利申请量265件，排名第三。具体数据如图3-18所示。

综上所述，在农业领域，以发明专利申请数量为考量标准，可以看出海南省农业核心机构中，中国热带农业科学院的创新技术生产力和核心创新技术生产力最强，海南大学次之，中国热带农业科学院优势突出。

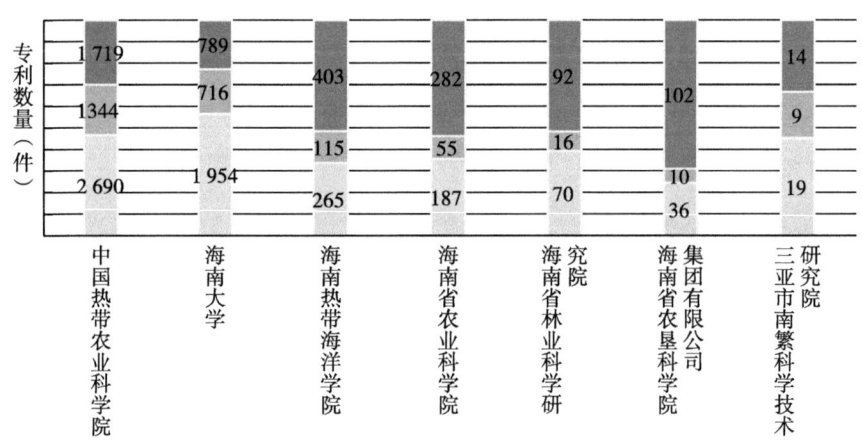

图3-18 海南省农业核心科研机构专利数量

3.3.8.2 专利产出趋势

本研究将海南省农业核心科研机构申请的专利中法律状态为授权且有效的专利定义为核心专利。

表3-26、表3-27和图3-19清晰展示了2013—2022年，在农业领域海南省农业核心科研机构专利申请年度趋势，2013—2021年，各机构年度专利申请量整体呈现逐年上升的态势；2022年有3家机构上升，分别为海南省农业科学院、海南省林业科学研究院、海南省农垦科学院集团有限公司，4家机构下降，分别为中国热带农业科学院、海南大学、海南热带海洋学院和三亚市南繁科学技术研究院。通过计算各机构近五年（2018—2022

年)专利申请量占近十年(2013—2022 年)专利申请总量的百分比,以及各机构近五年核心专利数量占近十年专利授权总数量的百分比,发现除中国热带农业科学院和三亚市南繁科学技术研究院外,其他机构专利申请数量占比均超过71%,各机构的核心专利数量占比均在59%以上,说明在农业领域,各机构近五年的专利生产力和有效专利生产力较前五年(2013—2017 年)有明显提升。

表 3-26 海南省农业核心科研机构专利数量年度分布情况　　单位:件

机构名称	专利数量									
	2013年	2014年	2015年	2016年	2017年	2018年	2019年	2020年	2021年	2022年
中国热带农业科学院	454	440	529	456	594	506	620	598	918	638
海南大学	76	135	187	177	426	397	358	455	749	499
海南热带海洋学院	11	13	21	33	61	103	99	145	159	138
海南省农业科学院	8	16	10	31	29	48	46	71	104	161
海南省林业科学研究院	0	5	4	4	7	3	21	38	39	57
海南省农垦科学院集团有限公司	2	1	2	2	6	3	16	39	12	65
三亚市南繁科学技术研究院	3	9	2	2	4	2	5	13	2	0

表 3-27 海南省农业核心科研机构核心专利数量年度分布情况　　单位:件

机构名称	专利数量									
	2013年	2014年	2015年	2016年	2017年	2018年	2019年	2020年	2021年	2022年
中国热带农业科学院	111	165	272	247	357	318	387	427	654	342
海南大学	15	27	53	48	120	186	211	300	441	228
海南热带海洋学院	1	2	6	3	11	34	37	89	126	99
海南省农业科学院	2	5	4	7	12	24	27	41	76	114
海南省林业科学研究院	0	0	2	0	6	2	8	33	30	34
海南省农垦科学院集团有限公司	0	0	2	2	6	0	9	37	8	58
三亚市南繁科学技术研究院	0	8	1	0	2	2	3	11	0	0

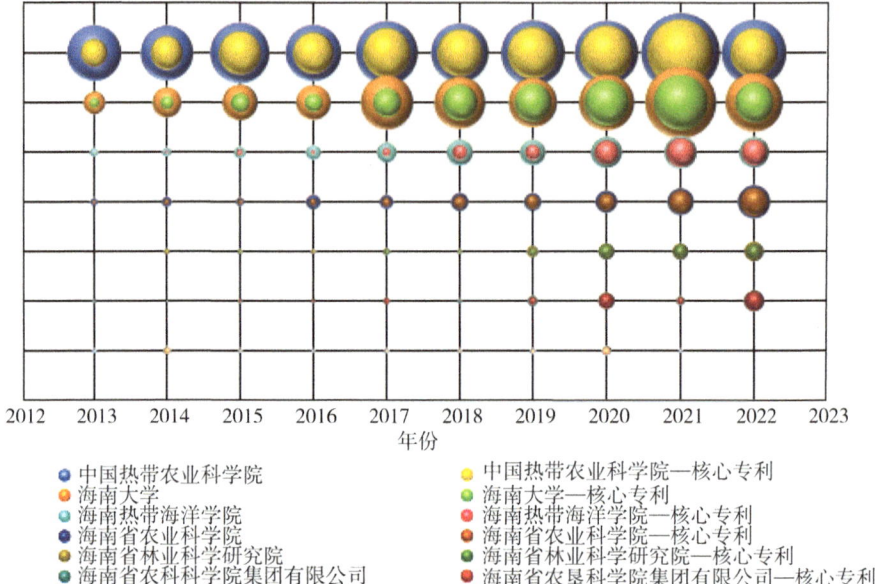

图 3-19　海南省农业核心科研机构专利申请公开年度趋势

2013—2022 年，7 家海南省农业核心科研机构在农业领域专利平均年增长率为 12.17%，其中，海南省农垦科学院集团有限公司（47.23%）年均增长率居第一位，海南省农业科学院（39.59%）位居第二，海南热带海洋学院（32.45%）排名第三，海南省林业科学研究院、海南大学、中国热带农业科学院、三亚市南繁科学技术研究院分列第四至第七；核心专利平均年增长率为 23.70%，其中，海南热带海洋学院（66.62%）居第一位，海南省农业科学院（56.71%）位居第二，海南省农垦科学院集团有限公司（45.37%）排名第三，海南省林业科学研究院、海南大学、中国热带农业科学院、三亚市南繁科学技术研究院分列第四至第七。

中国热带农业科学院 2022 年专利申请量为 638 件，2013 年为 454 件，与十年前比较专利申请数量增长了 40.5%，2022 年核心专利为 342 件，2013 年为 111 件，增长了 2.1 倍；海南大学 2022 年专利申请量为 499 件，2013 年为 76 件，增长了 5.6 倍，2022 年核心专利为 228 件，2013 年为 15 件，增长了 14.2 倍；海南热带海洋学院 2022 年专利申请量为 138 件，2013 年为 11 件，增长了 11.5 倍，2022 年核心专利数量 99 件，较 2013 年增加了 98 件；海南省农业科学院 2022 年专利申请量为 161 件，2013 年为 8 件，增长了 19.1 倍，2022 年核心专利数量为 114 件，2013 年为 2 件，增长了 56 倍；海南省林业科学研究院 2022 年专利申请量为 57 件，较 2013 年数量增长了 57 件，2022 年核心专利数量 34 件，较 2013 年增加了 34 件；海南省农垦科学院集团有限公司 2022 年专利申请量 65 件，较 2013 年增加了 63 件；三亚市南繁科学技术研究院 2022 年专利申请量为 0 件，2020 年 13 件为历年最高，2020 年核心专利数量 11 件为历年最高。

综上所述，在农业领域，以专利年度产出趋势为考量标准，可以看出海南省农业核心机构中海南省农垦科学院集团有限公司创新技术生产力增速最快，海南热带海洋学院核心创新技术生产力提升速率最快，中国热带农业科学院的创新技术生产力和核心创新技术生产力基础最强，但增长速率低于其他省级科研教学机构。

3.3.9 技术影响力分析

表 3-28 清晰展示了 2013—2022 年，在农业领域海南省农业核心科研机构发明专利被引情况，分析内容包括总被引频次、被引率、有引用记录发明专利的平均被引频次、所有发明专利的平均被引频次，其中，被引率=有被引用记录的发明专利量/发明专利总量×100%。

表 3-28　海南省农业核心科研机构专利总体影响力情况

机构名称	总被引频次（次）	有被引记录发明专利量（件）	被引率（%）	平均被引频次（有引用）（次）	平均被引频次（所有）（次）
中国热带农业科学院	6 283	1 548	52.30	4.06	2.12
海南大学	4 175	1 020	52.20	4.09	2.14
海南热带海洋学院	573	113	42.64	5.07	2.16
海南省农业科学院	301	72	38.50	4.18	1.61
海南省林业科学研究院	171	28	40.00	6.11	2.44
海南省农垦科学院集团有限公司	56	12	33.33	4.67	1.56
三亚市南繁科学技术研究院	48	11	57.89	4.36	2.53

总被引频次最高的机构为中国热带农业科学院（6 283 次），海南大

(4 175次)学排名第二,海南热带海洋学院(573次)排名第三,其他机构总被引频次均低于500次,其中,中国热带农业科学院优势显著,是海南大学的1.51倍,是海南热带海洋学院的101.97倍。从被引率来看,三亚市南繁科学技术研究院57.89%的发明专利有被引记录,排名第一,中国热带农业科学院(52.30%)排名第二,海南大学(52.20%)排第三。在各机构有引用记录发明专利的平均被引频次比较中,海南省林业科学研究院(6.11次)位居首位,海南热带海洋学院(5.07次)排名第二,海南省农垦科学院集团有限公司(4.67次)排名第三。所有发明专利的平均被引频次排名前三的机构分别是三亚市南繁科学技术研究院、海南省林业科学研究院和海南热带海洋学院。

综上所述,在农业领域,以总被引频次为考量标准,可以看出海南省农业核心科研机构中创新技术影响力最高的机构是中国热带农业科学院,且优势明显,技术影响力排名第二的机构是海南大学,海南热带海洋学院排名第三,海南省农业科学院、海南省农垦科学院集团有限公司、海南省林业科学研究院和三亚市南繁科学技术研究院分列第四至第七。

3.3.10 技术认可力分析

发明专利授权率为发明专利授权量与发明专利申请量的百分比,即授权率=发明专利授权量/发明专利申请量×100%。

表3-29清晰展示了2013—2022年,在农业领域海南省农业核心科研机构发明专利授权情况,中国热带农业科学院发明专利授权量为1 344件,排名第一;海南大学发明专利授权量为716件,排名第二;海南热带海洋学院发明专利授权量为115件,排名第三;海南省农业科学院、海南省林业科学研究院、海南省农垦科学院集团有限公司、三亚市南繁科学技术研究院分列第四至第七,中国热带农业科学院发明专利授权量是第二名海南大学的1.88倍,是第三名海南热带海洋学院的11.69倍,是第七名海南热带海洋学院的近151倍。中国热带农业科学院发明专利授权率为49.96%,排名第一;三亚市南繁科学技术研究院发明专利授权率为47.37%,排名第二;海南热带海洋学院发明专利授权率为43.40%,排名第三;海南大学、海南省农业科学院、海南省农垦科学院集团有限公司、海南省林业科学研究院分

列第四至第七。

表 3-29　海南省农业核心科研机构发明专利申请及授权情况

机构名称	发明专利申请量（件）	发明专利授权量（件）	发明专利授权率（%）
中国热带农业科学院	2 690	1 344	49.96
海南大学	1 954	716	36.64
海南热带海洋学院	265	115	43.40
海南省农业科学院	187	55	29.41
海南省林业科学研究院	70	16	22.86
海南省农垦科学院集团有限公司	36	10	27.78
三亚市南繁科学技术研究院	19	9	47.37

综上所述，在农业领域，以有发明专利授权率为考量标准，可以看出海南省农业核心科研机构中创新技术认可力最高的机构是中国热带农业科学院，且以绝对优势领先其他机构，技术认可力排名第二的机构是海南大学，海南热带海洋学院排名第三，海南省农业科学院、海南省林业科学研究院、海南省农垦科学院集团有限公司和三亚市南繁科学技术研究院分列第四至第七。

3.3.11　技术保护力分析

表 3-30 清晰展示了 2013—2022 年，在农业领域海南省农业核心科研机构中国专利和国际专利申请及授权情况。在 2013—2022 年，海南省农业核心科研机构申请的国际专利数量与中国专利数量占比为 1.42%。海南省农业核心科研机构取得国际专利共计 152 件，其中发明专利 145 件，实用新型专利 7 件，国际发明专利授权率为 27.19%；所有机构取得中国专利共计 10 735 件，其中发明专利 7 341 件，实用新型专利 3 394 件，中国发明专利授权率为 43.74%。国际专利中申请数量最多的机构是中国热带农业科学院（65 件），海南大学（56 件）排名第二，海南热带海洋学院（29 件）排名第三，海南省农业科学院（2 件）排名第四，其他 3 家机构均未见国际专利申请。国际发明专利授权数量最多的机构是海南热带海洋学院（21 件），中

国热带农业科学院次之（7件），第三名海南省农业科学院2件，第四名海南大学1件，海南省林业科学研究院、海南省农垦科学院集团有限公司和三亚市南繁科学技术研究院3家机构并未获得国际发明专利授权。

表3-30 海南省农业核心科研机构专利布局情况　　　　　单位：件

机构名称	国际专利数量		中国专利数量	
	发明专利	实用新型	发明专利	实用新型
中国热带农业科学院	58	7	3 976	1 712
海南大学	56	0	2 614	789
海南热带海洋学院	29	0	351	403
海南省农业科学院	2	0	240	282
海南省林业科学研究院	0	0	86	92
海南省农垦科学院集团有限公司	0	0	46	102
三亚市南繁科学技术研究院	0	0	28	14

综上所述，在农业领域，以国际专利申请情况为考量标准，可以看出海南大学和中国热带农业科学院在海南省农业核心科研机构的国际专利布局中排在前列，但数量仍较少，海南农业核心机构的国际专利布局意识及能力亟待提升。

3.4 结论与建议

3.4.1 农业领域学科建设情况总结

海南省7家农业核心科研机构中，中国热带农业科学院与农业领域相关的研究所有14个；海南大学与农业领域相关的学院有11个；海南热带海洋学院与农业领域相关的学院有4个；海南省农业科学院与农业领域相关的研究所有11个；海南省林业科学研究院与农业领域相关的研究所（研究中心）有9个；海南省农垦科学院集团有限公司与农业领域相关的公司有7个；三亚市南繁科学技术研究院与农业领域相关的研究中心（研究室）有9个。

从整体来看，中国热带农业科学院是海南省农业核心科研机构中农业领域研究布局最多的机构，海南大学和海南省农业科学院并列第二，海南热带海洋学院最少。根据机构类型来看，海南省内科研院所在农业领域的研究布局多于教学机构。

3.4.2 农业领域机构科技竞争力分析结论

本研究通过对农业科技文献的挖掘和分析，把握农业科技发展动态，充分发挥科研机构在海南农业科技发展中的引领作用，为推动海南农业转型升级、热带特色高效农业高质量发展和乡村振兴贡献力量。利用文献计量、引文分析和统计分析等方法，围绕 SCI 论文、CNKI 论文和专利 3 种科研成果产出，深入分析海南省农业核心科研机构的科技竞争力，得出如下结论。

一方面，近十年（2013—2022 年）海南省核心科研机构在农业领域的科研生产力整体呈上升趋势，且科研成果发表由中文论文向外文论文转移趋势明显，科研生产力的增长虽然带来了科研影响力的提升，但科研影响力总体仍处于较低水平；海南省农业科研影响力、卓越力、合作力在逐步提升，但科研卓越力表现不突出，且机构间存在较大差异。中国热带农业科学院和海南大学在农业领域发表的论文影响力、卓越力和合作力均远高于其他机构；海南省农业技术生产力整体呈上升趋势，且授权有效专利数量逐年增长，科研院所的技术影响力整体高于高等学校，有的机构技术生产力突出，有的机构技术影响力突出，但各机构技术认可力均不高；科技竞争力指数评价表明，中国热带农业科学院和海南大学的科技竞争力处于领先，是海南省农业科技创新的主导机构。另一方面，近五年（2018—2022 年）发表 SCI 论文占近十年发文总量的 74.91%，申请专利占近十年专利申请总量的 65.46%。自 2018 年海南自贸港建设方案提出以来，海南省农业科研产出显著增加，农业科研成果呈显著增长趋势，且外文论文发文量飞跃上升；对比分析发现，自贸港建立大力推动了海南省农业核心科研机构的国际化科研生产力和技术生产力发展，显著提升了机构科技竞争力。

基于 2013—2022 年 SCI 科技论文、CNKI 科技论文和专利角度，从科技论文竞争力指数和专利竞争力指数两个层面对海南省农业核心科研机构的科技创新发展现状进行对比分析。并从科技论文产出能力、科技论文影响力、高质量论文产出能力以及科技论文合作研究能力4个维度分析海南省核心科研机构在农业领域的科技论文竞争力；从专利产出能力、专利影响力、专利认可度以及专利保护能力4个维度分析海南省核心科研机构在农业领域的专利竞争力。

2013—2022年，海南省7家农业核心科研机构在农业领域共发表科研成果32 882件，其中，SCI论文7 443篇，CNKI论文14 552篇，专利公开10 887件；核心科研成果20 904件，其中，SCI核心作者论文4 809篇，CNKI核心作者论文10 202篇，核心专利5 893件。近五年（2018—2022年），海南省7家农业核心科研机构在农业领域发表的科研成果共计19 295件，其中，SCI论文5 568篇，CNKI论文6 600篇，专利公开7 127件；核心成果12 578件，其中，CNKI核心作者论文4 481篇，SCI核心作者论文3 701篇，核心专利4 396件。通过计算2018—2022年不同类型科研成果与2013—2022年相应成果数量的百分比，得出2018—2022年SCI发文量占比74.91%，CNKI发文量占比45.35%，专利数量占比65.46%；SCI核心作者论文发文量占比76.96%，CNKI核心作者论文发文量占比43.92%，核心专利数量占比74.60%。由此可见，自2018年海南自贸港建设以来，海南省农业核心科研机构的国际化科研生产力和技术生产力均显著高于2013—2017年，海南省农业核心科研机构的科技论文和专利产出大幅上升，机构科竞争力显著提升。

综上所述，隶属于农业农村部的中国热带农业科学院和由教育部与海南省人民政府部省联合建校的海南大学的学术能力、科研水平和技术创新能力明显高于其他海南省属机构。

3.4.3 农业核心科研机构农业科技论文竞争力分析结论

3.4.3.1 科研生产力

从各机构的SCI论文总体产出来看，在农业领域，通过对比分析各机构的SCI论文发布情况，发现海南大学的科研生产力和科研核心生产力最强，中国热带农业科学院次之，且海南大学和中国热带农业科学院的科研生产力和科研核心生产力远大于其他机构；对比分析各机构的 SCI 论文产出趋势，发现近十年海南大学的科研生产力提升速率最快且增长幅度最大，中国热带农业科学院科研生产基础最好，但其科研生产力的增长速率无明显优势。整体来看，近五年各机构的科研生产力和科研核心生产力都有显著提升；对比分析各机构 SCI 论文产出的学科分布，发现海南省农业核心科研机构排名前三的优势学科依次是植物科学、环境科学和生物化学与分子生物学，且中国热带农业科学院和海南大学在植物科学、生物化学与分子生物学的科研生产力优势远大于其他机构。

从各机构的 CNKI 论文总体产出来看，在农业领域，通过对比分析各机构的 CNKI 论文分布情况，发现中国热带农业科学院的科研生产力最强，海南大学次之，中国热带农业科学院和海南大学的科研生产力和核心科研生产力远高于其他机构；对比分析各机构的 CNKI 论文产出趋势，发现 2013—2022 年各机构中文科技论文发布呈先上升后下降的趋势，2018—2022 年各机构科研生产力逐年下降，科研生产的重心已由发表中文科技论文转变为发表更具国际影响力的外文科技论文。

3.4.3.2 科研影响力

从各机构的 SCI 论文影响力来看，在农业领域，通过对比分析各机构的 SCI 论文被引情况，发现科研影响力最高的机构是中国热带农业科学院，其次是海南大学，海南省农业科学院排名第三，海南热带海洋学院和海南省林业科学研究院分列第四和第五；对比分析各机构的 SCI 论文学科规范化引文影响力，发现海南省林业科学研究院学科规范化引文影响力最高；对比分析各机构的 SCI 论文被引分布情况，发现科研影响力最高的机构是中国热带农业科学院，核心科研影响力最高的机构是海南省林业科学研究院。

从各机构的 CNKI 论文影响力来看，在农业领域，通过对比分析各机构的 CNKI 论文被引情况，发现科研影响力最高的机构是中国热带农业科学院，其次是海南大学，海南省农业科学院排名第三，海南省农垦科学院集团有限公司排名最低；对比分析各机构的 CNKI 论文被引分布情况，发现所有作者高被引论文和核心作者高被引论文数量最多的机构均是中国热带农业科学院。

3.4.3.3 科研卓越力

从各机构的 SCI 论文卓越力来看，在农业领域，通过对比分析各机构的 SCI 高质量期刊论文发布情况，发现海南大学和中国热带农业科学院的科研卓越力最高，且远高于其他机构；对比分析各机构的 SCI 高被引论文分布情况，发现中国热带农业科学院的高被引论文占比最高，海南大学的高被引论文数量最多，且显著高于其他机构；对比分析各机构的 SCI 高被引论文学科分布情况，发现海南省农业核心科研机构的卓越学科是植物科学、生物化学与分子生物学、多学科和环境科学。

从各机构的 CNKI 论文卓越力来看，在农业领域，通过对比分析各机构的 CNKI 高质量期刊论文发布情况，发现中国热带农业科学院的科研卓越力最强，且明显优于其他机构；对比分析各机构的 CNKI 高被引论文分布情况，发现中国热带农业科学院的高被引论文数量，海南大学的高被引论文占比最高，中国热带农业科学院以微小差距排在第二。

3.4.3.4 科研合作力

从各机构的 SCI 论文合作力来看，在农业领域，通过对比分析各机构的 SCI 科研合作产出情况，发现海南大学的科研合作力最高，且海南大学和中国热带农业科学院的科研合作力远大于其他机构，国际合作论文占比最高的机构是海南省林业科学研究院，国内合作论文占比最高的机构是海南省农业科学院。

从各机构的 CNKI 论文合作力来看，在农业领域，通过对比分析各机构的 CNKI 科研合作产出情况，发现中国热带农业科学院的科研合作力最高，且中国热带农业科学院和海南大学的科研合作力远大于其他机构，国内合作论文占比和国际合作论文占比最高的机构均为海南省农垦科学院集团有限公司。

3.4.4 农业核心科研机构农业专利竞争力分析结论

3.4.4.1 技术生产力

从各机构的专利总体产出来看，在农业领域，通过对比分析各机构的专利产出趋势，发现中国热带农业科学院的技术生产力和核心技术生产力最强，但增长速率低于其他省级科研教学机构。通过计算平均年增长率，发现海南省农垦科学院集团有限公司的技术生产力增速最快,海南热带海洋学院核心技术生产力提升速率最快。

3.4.4.2 技术影响力

从各机构的专利影响力来看,在农业领域,通过对比分析各机构的专利被引情况,发现中国热带农业科学院的技术影响力最高,且明显高于其他机构,技术影响力排名第二的机构是海南大学,海南热带海洋学院排名第三,海南省农业科学院、海南省林业科学研究院、海南省农垦科学院集团有限公司和三亚市南繁科学技术研究院分列第四至第七。

3.4.4.3 技术认可力

从各机构的专利认可力来看,在农业领域,通过对比分析各机构的发明专利授权产出情况,发现中国热带农业科学院的创新技术认可力最高,且以绝对优势高于其他机构,技术认可力排名第二的机构是海南大学,海南热带海洋学院排名第三,海南省农业科学院、海南省林业科学研究院、海南省农垦科学院集团有限公司和三亚市南繁科学技术研究院分列第四至第七。

3.4.4.4 技术保护力

从各机构的专利保护力来看,在农业领域,通过对比分析各机构的国际专利公开情况,发现中国热带农业科学院、海南大学、海南热带海洋学院和海南省农业科学院有公开的国际专利,海南省林业科学研究院、海南省农垦科学院集团有限公司和三亚市南繁科学技术研究院未见公开的国际专利,虽然海南大学和中国热带农业科学院在海南省农业核心科研机构的国际专利布局中排在前列并具有优势,但数量仍较少,由此可见海南农业核心机构的国际专利布局意识及能力亟待提升。

3.4.5 存在问题与相关建议

3.4.5.1 存在问题

经过多年发展,海南省农业科技研究取得了长足进步,整体水平显著提高,影响力日益增加,支撑引领海南省农业经济发展的作用不断增强,但海南省农业核心科研机构的科技创新能力等依然存在不足,需进一步加强农业科技研究。

一是海南农业科技论文质量和影响力有待提高。统计分析发现，海南省省属农业机构科研实力与部级直属科研机构和省部共建教学机构存在明显差距，中国热带农业科学院和海南大学科技论文产出量显著高于其他机构的科技论文产出，海南省农业核心科研机构的基础科研水平呈科研生产力不均衡，整体科研影响力有待提高的局面。对比发现，海南省省属农业机构科研实力与部级直属或省部共建科研教学机构存在明显差距，中国热带农业科学院和海南大学科技论文产出量分别为 9 769 篇和 9 133 篇，显著高于其他机构的科技论文产出总量（3 093 篇）；且这两家机构的总被引频次、高质量论文量和国际合作论文量也远大于其他机构。统计发现，海南省农业核心科研机构整体的科研影响力表现较为优秀，被引频次为 0 的论文占比仅为 11.57%；海南省农业核心科研机构整体的科研卓越力表现一般，Q1 期刊论文和中文核心论文占比 46.00%，未超过发文总量的一半，海南省农业核心科研机构整体的科研国际合作力较弱，国际合作论文占比仅为 6.56%。

二是海南农业专利产出布局不合理。海南省农业核心科研机构专利技术产出共计 10 887 件，授权有效专利量为 5 893 件，占比 54.13%。发明专利授权量仅为 2 265 件，占比 20.80%，远低于农业发达地区，未形成技术产品竞争力；98.60% 的专利申请布局局限于国内范围，缺少国际布局及专利保护意识；专利研发未与实际需求接轨，技术未达到市场化和产业化标准。

3.4.5.2 相关建议

聚焦打造海南热带特色高效农业，以加强高水平科研产出，提升科研质量，提高科技创新效率，构建创新人才团队为核心要务。

一是促进高质量农业科技成果产出。建立多元化评价体系，提升高质量成果产出。要杜绝"量"上去了，"质"没跟上的问题，要建立以高质量产出为导向的科研评价体系，在科研人员的工作考核、绩效奖励、职称评审等方面，加大鼓励高质量研究型论文及高价值专利产出的力度，同时，评价指标要兼顾经济效益和社会效益，规避唯成果论导向，避免科研评价片面化。

引进高层次人才，造就热带农业领域卓越科技人才。科技竞争本质是人才竞争，要产出高质量、高影响力的科研成果，就要有充足的科技人才，而稳定庞大的人才队伍是科研质量的保障。为了打破海南省农业科研机构引人、留人难的困境，就需借助海南自贸港的开放条件，解决经济收入低，职称晋升困难，科研资源配置不合理等问题，留住现有的科技人才，并吸引国内外优秀的农业科技人才。与此同时，利用国家热带农业科学中心、全球热带农业中心等国内外高端平台，采取国际会议、专家互访、跨国合作、国内外访学等方式，不断培养热带农业科技人才。

二是调整农业技术创新产出结构。加强与企业合作，促进专利商业化。海南农业应强化需求导向、问题导向和目标导向的技术研发。进一步加强科研教学机构的科研成果供给，促进科企、校企融合，引导并培育企业成为技术创新主体，建立以市场为导向、产学研深度融合的技术创新体系。优化科技创新统筹部署，深度挖掘需求，确保技术供给有效匹配需求。

优化技术创新结构，加强国际专利布局。发达国家已在我国开展专利布局，例如美国和日本在中国专利布局量就达到了其本土数量的一半以上，而目前海南农业核心科研机构98.60%的专利申请布局在本国范围内，应主动"走出去"，并参与国际竞争，在优势产业优先布局国际专利，使海南省优势技术创新成果及其应用产品在本土之外筑建有效的专利保护屏障。

三是加强海南省农业科技战略研究力量布局。强化政府引导，加大财政支持。充分发挥海南省政府的主导作用，加强顶层设计和组织领导，抓住海南自贸港建设新机遇，为建设国家热带现代农业基地积极谋划布局，制定合适的发展规划。财政支持效益最大化的关键是把钱花在刀刃上，加大对热带农业绿色发展和现代化发展方向的财政投入力度，加速热带地区农业农村现代化发展；加大对海南省省属农业科研机构的财政投入，缩短与部级直属或省部共建科研教学机构的差距。

加强与高水平国家、地区、机构及学者的合作，提升科技竞争力。借鉴先进国家、地区及学者的经验，充分利用海南自贸港建设过程中引进的国内外知名农业机构，通过访学高竞争力团队、申请合作项目、建设研发基地等措施，加强科技人才和科技项目的交流与合作，促进优质资源和先进技术的交互共享，增加科技论文和专利研发相互借鉴和引用的机会，进而提高国际认可度和科研竞争力，增强海南省农业质量效益和竞争力。通过交流合作加快海南农业现代化进程，健全完善热带特色高效农业机制和政策体系，打造全球热带农业中心。

第4章

海南省农业科技创新力实证分析

4.1 研究意义

国家高度重视"三农"工作和科技创新,《中共中央 国务院关于做好2023年全面推进乡村振兴重点工作的意见》明确提出要"强化农业科技和装备支撑"。2022年,全国农业科技创新工作会议指出,农业现代化,科技是根本性决定性力量。党的二十大报告中也提出"加快实施创新驱动发展战略"。

近年来,我国农业科技发展加快,创新体系逐步健全。农业科技在提高农业生产效率、保障食品安全、保护生态环境、促进农业可持续发展、推动经济发展和改善农村生活质量等方面都发挥着重要作用。科技创新是经济发展的重要动力,区域科技创新能力对区域经济发展水平有着一定的影响。农业是促进区域经济发展的基础产业。杨学利等[1]提出农业科技创新是以农业新知识和新科技成果的创造与使用为基础,改善农业生产方式,采用新型管理模式,实现农业高质量、高产量、高经济效益的过程。

农业科技创新能力是体现各国农业竞争力的重要组成,农业科技创新能力的提升能够助力农业产业加速发展[2]。海南在建设自由贸易港背景下,积极推进农业现代化发展,离不开农业科技创新发展。海南热带农业生产总值占全省生产总值的比重居全国之首,是我国热带特色高效农业和高端种业的策源地[3],但受到产业竞争加剧、农业科技资源不足等问题的制约[4],海南省需要通过推动农业科技创新发展,以进一步提高农业生产效益。

在此背景下,通过定量方式评价研究海南省农业科技创新能力发展情况，有利于进一步分析海南省农业科研机构竞争力以及农业科技创新力，加速探索海南农业科技发展的新路径，助力海南省农业产业结构优化及农业经济发展。

4.2 研究内容与技术路线

4.2.1 研究内容

本章就海南省农业科技创新能力构建评价体系，并根据模型计算影响因素的显著性，结合实际有针对性提出相关对策建议，主要研究内容包括：一是相关概念及理论基础，在论述研究背景、意义及方法后，梳理国内外文献，对科技创新能力、农业科技创新能力以及农业科技创新能力评价进行综述；二是根据文献梳理及实际情况，初步构建海南省农业科技创新能力评价指标体系，后基于初步构建的指标体系，通过灰度关联分析法对各指标进行关联度分析，并根据分析结果选取相关性较高的指标，进一步优化指标体系；三是依据海南省2017—2021年的统计数据，基于优化后的评价指标体系对海南省农业科技创新能力进行实证分析及综合评价；四是根据实证分析结果对海南省农业科技创新能力提出有针对性的对策建议。

4.2.2 研究方法

本章采用理论研究与实证分析结合的方法，对海南省科技创新能力进行评价，并根据其影响因素，就提升海南省农业科技创新能力提出相关对策建议，主要研究方法包括文献分析法、评价研究法以及模型分析法。

4.2.2.1 文献分析法

通过文献资料的梳理，在科技创新能力、农业科技创新能力及农业科技创新能力评价等理论基础上，选取评价指标，研究海南省农业科技创新能力的影响因素。

4.2.2.2 评价研究法

以海南省农业科技创新能力作为研究对象，初步构建评价体系，并通过关联度分析等评价研究方法对指标体系进行优化。

4.2.2.3 模型分析法

使用熵权法进行实证分析,对海南省的农业科技创新能力进行综合评价。

4.2.3 技术路线(图4-1)

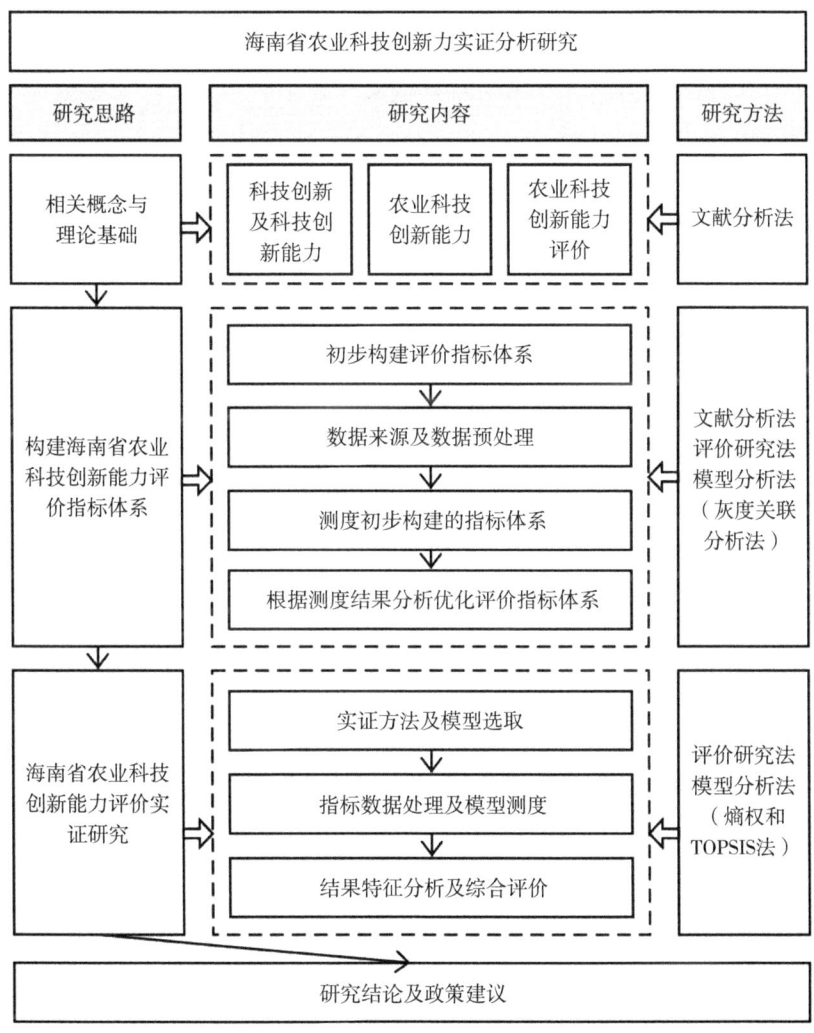

图4-1 海南省农业科技创新力实证分析技术路线

4.3 相关概念及理论基础

4.3.1 科技创新能力

学者们从不同角度对科技创新的含义进行了描述，大多数学者是以约瑟夫·熊彼特的《经济发展理论》（The Theory of Economic Development）一书中的创新理论为基础，核心观点基本一致：创新是指把一种新的生产要素和生产条件的"新结合"引入生产体系。基于此，美国经济学家华尔特罗斯托将创新这一概念发展为技术创新，此后便兴起了对技术创新的研究，至1976年美国国家科学基金会（National Science Foundation，NSF）的报告中明确"技术创新是将新的或改进的产品、过程或服务引入市场"。在我国较早的科技创新理论研究中，陈劲[5]从技术创新的角度提出了技术引进、技术吸收和技术创新活动3种学习模式；柳卸林[6]认为技术创新有着不同的系统层次，如产业创新系统、区域创新系统、国家创新系统；周寄中[7]认为科技创新包括科学创新和技术创新，科学创新是通过科学研究获得基础科学和技术知识的过程，而技术创新是创造新技术的行为。科技创新的概念随时代发展变化而逐渐丰富，其内涵是动态发展的。王义涵[8]认为科技创新的内涵与时代背景密切相关；宋刚等[9]提出科技创新是知识经济时代背景下，技术进步与应用创新双轮驱动的产物。这些技术创新理论基本都沿袭了约瑟夫·熊彼特创新理论的基本思想，并强调了技术创新对经济发展的推动作用。

然而与科技创新这一概念不同，学者们对科技创新能力的内涵有着不同的理解。王双艳[10]将技术创新能力界定为包括国家、高等院校、科研院所、本土企业在内的创新主体为维护国家整体利益，从增强竞争力和效益入手，按创新主体构建国际性竞争优势的要求，实现并享有技术知识产权。

综上看来，科技自主创新能力主要指的是科技创新支撑经济社会科学发展的能力。科学技术是国家发展的必备要素。在全球知识经济发展背景下，国际竞争愈加激烈，科技创新成为一个国家提升综合国力和核心竞争力的重要发展引擎，发展创新型国家成为主流战略。

4.3.2 农业科技创新能力

农业科技创新能力是在科技创新能力的概念基础上细分领域而来。当前，学者们对农业科技创新能力这个概念的理解存在差异。张梅申等[11]认为农业科研单位科技创新能力是一种对科技创新要素创造性集成的能力，组成要素可分为内部和外部，内部要素主要是科研机构内部人才、项目、平台及成果等，外部要素包括政策、资金投入等。梁俊芬等[12]对中国省域农业科技创新能力进行评价，并提出区域农业科技创新能力应是区域在农业科技创新活动中表现出来的一种综合能力，是多种能力要素复合作用的结果。王丹等[13]将农业科技创新能力定义为一个国家或地区有效利用和优化配置农业科技创新系统内各种创新要素，通过科学研究、发明、创造以及科技成果推广、转化和应用等各种科技活动，产出高水平农业科技创新成果并提高农业生产能力和获取最大经济效益、社会效益和生态效益的综合能力。

在讨论农业科技创新能力的同时，学者们也就农业科技创新的内涵与概念展开了研究，高启杰[14]认为农业技术创新是指新的农业技术成果从产生到转化为现实生产力的过程，它包括农业新技术设想的产生、研究开发、商业化生产、市场营销或推广应用等一系列的活动。吴林海[15]提出农业科技创新是技术创新的有机组成部分，并表示农业科技创新的实质就是农业科技创新成果的创造及向现实农业生产力的转化。

综上看来，农业生产中的科学创新能力与技术创新能力相互作用，并且共同组成一个有机整体，被称为农业科技创新能力。技术创新能力是为了在已有的科学成果基础上可以更好地应用，从而不断进行的实践研究、技术开发的过程总和。科学创新能力主要侧重于理论的研究和运用。

农业科技创新能力是促进农业现代化发展的关键。当前农业科技创新能力的研究主要集中在4个方面，包括区域农业科技创新能力、农业科技创新能力指标、农业科技园创新能力及运营效率，以及国外科技自主创新政策研究等。

4.3.3 农业科技创新能力评价

农业科技创新指的是农业知识创新、技术创新、科技成果的推广、转化及应用等一系列内容的活动过程。对一个科研机构、地区或国家的农业科技创新能力进行评价，需要有一个相对全面的评价指标，包括投入、产出、创新环境、现状等方面。

在农业科技创新评价方面，创新能力和创新潜力都需要被考量和关注。由于不同区域农业科技的创新环境及基础等存在差异，采用的分析方法也不同。赵丽娟等从创新投入、创新产出、创新环境三方面构建指标体系进行分析；陈耀等[16]通过TOPSIS法对省域农业科技创新能力进行评估；曹琼等[17]和李洪文都选用了TOPSIS法对湖北省的农业科技创新能力进行了评价。郭炜[18]就河南省18个地市的农业科技创新能力开展研究，构建评价指标体系并通过熵权法综合分析。

从技术创新能力和技术创新效率的区别上看，技术创新能力强调的是利用各种创新资源创造新知识，并把这些知识或已有知识以"新"的方式转化为现实的、有经济价值的商品或服务，以实现其价值和使用价值。从这个意义上说，技术创新能力即为实现这种"转化"的能力或水平。技术创新效率则是实现这种"转化"的效率：将各种创新资源转化为市场需要的商品或服务的效率[19]。

4.4 方法说明

4.4.1 层次分析法

层次分析法（Analytic Hierarchy Process，AHP）由美国匹兹堡大学教授运筹学家T. L. 萨蒂（T. L. Saaty）提出，指的是将与决策有关的元素分解成目标、准则、方案等层次，并进行定性、定量分析的层次权重决策分析方法。其核心是通过要素间的两两比较来构建判断决策矩阵，同时结合决策者经验判断衡量目标之间的相对重要程度，并给出权重确定优先次序。具体计算步骤如下。

一是建立层级结构模型，一般根据决策目标、决策准则即决策对象分为最高层、中间层和最底层，相邻层次间，较高的层次被称为目标层，较低的则是因素层。

二是构造判断矩阵，将同一准则下的不同因素进行两两比较，参考9个重要性等级及对应的量化值，将两两比较的结果形成判断矩阵。

三是层次单排序及一致性检验，将判断矩阵进行归一化处理，同一层次因素对于上一层次因素的相对重要性量化值排序。

四是层次总排序及一致性检验，计算某一层次所有因素对于最高层的重要性量化值排序，并检验一致性比率CR值（一致性指标CI与平均随机一致性指标RI的比率）是否小于0.1以判断是否通过一致性检验。

层次分析法是定量分析和定性分析相结合的权重计算方法，其优点在于系统可量化，能够对无结构特性的系统进行评价，并且能够充分利用人的经验判断、有机结合定性和定量方法，数学运算简单，所得结果明确、易于了解等。而缺点一是主观成分较大；二是此法使用场景是既定范围内择优，难以提供新方案；三是指标过多时数据统计量过大等。

4.4.2 德尔菲法

德尔菲法（Delphi Method）又称专家规定程序调查法、反馈匿名函询法等，由美国兰德公司与道格拉斯公司合作研究出的一种能够有效、可靠收集专家意见的主观定性分析方法。其本质是集体匿名交流，过程为：匿名征求专家意见并归纳；统计后匿名反馈并归纳；再次统计后匿名反馈，多次匿名函询反馈后统计，直至专家意见趋同。具体实施步骤如下。

一是开放式首轮调研，提出预测问题，由组织者汇总整理所有专家调查表归并后提出预测事件即第二张调查表。

二是评价式第二轮调研，专家对第二张调查表中每个事件进行评价，组织者统计归纳第二轮专家意见并提出第三张调查表，包含事件、事件发生中位数和上下四分点及事件在四分点外理由。

三是重审式第三轮调研，专家对第三张调查表进行重审，对上下四分点外意见进行评价并给出新评价（如修正观点需提供改变理由），组织者整理反馈、统计出中位数和上下四分点（方法同上一步）并形成第四张调查表。

四是复核式第四轮调研,专家再次评价第四张调查表,方法同上一步,并由组织者决定是否再进行下一轮调研。

德尔菲法的基本特点为匿名性、反馈性及统计性,实施前提是专家意见独立等。德尔菲法的优缺点较为明显。优点是能够充分发挥专家作用,准确性高,其匿名性能够避免意见受他人影响的情况;缺点则是存在一定的主观片面性、容易忽视少数人意见,从而导致结果偏离实际。

4.4.3 主成分分析法

主成分分析法(Principal Components Analysis,PCA)是一种简化数据集的统计学方法,利用降维处理将多指标转化为少数综合指标,是使用最为广泛的数据降维算法。其降维处理方法通常指线性变换,即将数据变换到新的坐标中,并通过保留低阶主成分、忽略高阶主成分压缩数据空间进行简化,能够帮助处理高维数据,使得数据更易于分析。具体步骤如下。

一是对样本即初始变量进行标准化和同趋势化;二是计算最大化方差或最小化协方差,构建协方差矩阵;三是计算协方差矩阵的特征向量和特征值;四是确定主成分个数并选取主成分(计算方差贡献率和累计方差贡献率并从大到小排,降至特定 k 维则取前 k 个主成分)。

主成分分析法主要适用于数据维度过高、数据存在高相关性、数据分布不均匀等情况。判断是否适合使用此法可采取 KMO(Kaiser-Meyer-Olkin)检验以及 Bartlett 球形检验。主成分分析方法的优点在于能够有效降维以更好地处理数据,去除冗余数据并将数据进行可视化;缺点包括仅能处理线性关系,对数据分布高度敏感(不满足高斯分布时会出现问题),异常值对结果影响较大。

与之类似的数据降维分析方法是独立成分分析法(Independent Component Correlation Algorithm,ICA),PCA 假设数据由几个主成分线性组合形成,而 ICA 假设数据由多个独立成分混合组成。ICA 能够处理非高斯信号,更适合分离多个成分。其他降维算法还有奇异值分解(SVD)、因子分析(FA)等。

4.4.4 加权平均法

加权平均法是利用过去若干按时间顺序排列的同一个变量的观测值，并以时间顺序变量出现的次数为权重，计算出观测值的加权算术平均数。

加权平均法是系统评价方法中最简单的一种，可行性也非常高[20]。加权平均法实际是一种线性模型，在使用此法时需满足可加性和独立性两个条件。可加性指的是两个评价对象合并之后的评价结论等于合并之前各自评价结论之和；独立性指的是某个评价对象改变单个指标后，评价改变仅依赖该指标的改变量，与其他指标无关，即各指标间互相独立。

加权平均法的优点在于计算较为简单，并且求得的平均数包含长期趋势变动，加权平均值也能够体现相对重要性。

4.4.5 熵权法

熵权法，又叫熵值法，是一种常用的客观赋权法，其核心思想是完全通过数据驱动来确定客观权重，即利用数据熵值信息即信息量大小进行权重计算。

在信息论中，信息量和信息熵的概念有所区别，信息量指的是度量查清未知事物需要查询信息的多少，单位为比特，而信息熵指的是信息量的期望，即不确定性大小，不确定性越大，信息熵越大。在一般情况下，如果某个指标的信息熵越小则表明指标值变异程度大（发生的概率大、不确定性小），提供的信息量越多，在综合评价中起到的作用越大，权重则越大；反之亦然。熵权法的赋权步骤如下。

一是数据标准化，即对各个指标进行去量钢化处理；二是计算各指标在不同方案下的比值；三是计算各指标信息熵；四是通过信息熵确定各指标权重；五是计算各方案的综合评分。

熵权法相较于主观赋值法，精度高、客观性强，能够避免人为因素偏差，也能够更好地解释结果。另外，此法可能因忽视决策者主观意图而忽略指标本身重要程度，导致与预期结果相差较远。

4.4.6 优劣解距离法

优劣解距离法（Technique for Order Preference by Similarity to Ideal Solution，TOPSIS）是一种常用的综合评价方法，是根据有限个评价对象与理想化目标的接近程度进行排序的方法。此法能够充分利用原始数据信息并精准反映各评价方案间的差距。

TOPSIS 的基本过程为：基于归一化后的原始数据矩阵，采用余弦法找出最优及最劣方案，接着分别计算评价对象与最优、最劣方案间的距离，获得评价对象与最优方案的相对接近度，并以此作为评价优劣的依据。

TOPSIS 与熵权法结合应用较为广泛，熵权法实质是先确定各指标的权重系数后再进行排序，TOPSIS 熵权法的具体计算步骤分为三步。

一是将原始数据矩阵正向化，即将极小型指标、中间型指标、区间型指标对应的数据全部化成极大型指标，方便统一计算和处理；二是将正向化后的矩阵标准化，即通过标准化消除量纲的影响；三是计算得分并排序。

此法的优点在于能够避免数据主观性，无须目标函数也能够反映多个指标的影响力度；并且对数据分布及样本量没有严格限制，同时计算较为灵活、简单。但 TOPSIS 算法需要每个指标的数据，对应量化指标选取可能存在难度。

4.4.7 CRITIC 权重法

CRITIC 权重法（Criteria Importance Through Intercriteria Correlation）是一种比熵权法和标准离差法更好的客观赋权法，主要通过运用对比强度和冲突性两个指标得到权重。对比强度指标使用数据标准差进行表示，标准差越大则波动越大，权重越高；冲突性指标使用相关系数进行表示，指标间相关系数值越大则冲突性越小，权重越低。

对比强度与冲突性指标相乘后进行归一化处理以计算权重。此法适用于数据稳定性能够作为一种信息，且分析指标间有关联关系的场景。CRITIC 权重法的具体计算步骤如下。

一是确定评估指标，选择用于评估模型的指标；二是评估模型，使用选定的指标评估模型,并记录各指标得分;三是计算相关系数,计算两两指标间的相关系数以衡量关系;四是确定指标重要性,使用相关系数矩阵确定各指标的重要性;五是分析结果,根据指标重要性分析模型优缺点。

4.4.8 数据包络分析法

数据包络分析法(Data Envelopment Analysis,DEA)是一种多指标投入和产出评价的研究方法,一般用来测量生产效率。DEA 主要应用数学规划模型计算比较决策单元(Decision Making Unit,DMU)之间的相对效率,对评价对象做出评价。该方法是一个线性规划模型,表示为产出对投入的比率。

常见的 DEA 模型包括 CCR 模型和 BCC 模型,两种模型的区别在于是否假定规模收益可变(Variable Returns to Scale,VRS),CCR 假定规模收益不变(Constant Returns to Scale,CRS),BCC 假定规模收益可变。规模收益不变指的是在技术水平和要素价格不变的条件下,经营规模可以等比例放大和缩小。

CCR 模型由美国运筹学家 Charnes,Cooper 和 Rhodes 于 1978 年首次提出[21],并以提出者命名。此模型是 DEA 方法的第一个模型,被用于评价相同类型单位间的相对有效性。此模型为决策单元(DMU)之间的相对效率评价提供了一个可行和有效的工具。其方法是假设有 n 个决策单元,这 n 个决策单元都是具有可比性的,每个决策单元都有 m 种类型的投入(输入)和 s 种类型的产出(输出)。效率评价指数的含义是已知决策单元的输入向量及其权重的加权和与输出向量及其权重加权和的比例。

BCC 模型是 Banker,Charnes 和 Cooper 于 1984 年[22]对 CCR 模型进行的拓展,将 CCR 模型中假定规模报酬不变放宽为规模报酬可变。在 CCR 模型中,决策单元有效对应的是技术有效和规模有效,一个决策单元若技术有效,但若非规模有效,则 DEA 不一定有效。因此 BCC 模型将技术效率值和纯技术效率值区分开,衡量纯技术效率和规模效率。

在经济学中,除了上述两种 DEA 模型外,还有其他数十种模型[23]。另外一个应用较为普遍的模型是超效率 DEA,由 Andersen 和 Petersen 于 1993 年提出,能够在 CCR 模型将决策单元分为有效和无效的基础上,通过重新计算效率为1的决策单元效率,进一步比较分析多个同时有效的决策单元。

4.4.9 DEA-Malmquist 指数模型

Malmquist 指数模型是一种评价技术效率变化的方法,最早由 Malmquist Sten 提出,用于消费指数计算。Caves 等在 1982 年首次使用此指数模型进行生产率变化测算,并将其与数据包络分析方法 DEA 结合。此模型通常应用于评估不同时期或不同地区组织单位的生产效率和技术进步情况。传统 DEA 模型可以反映静态的投入产出效率,而 Malmquist 指数可以分析跨期效率变化情况。Malmquist 指数的基础是距离函数,表示效率改变的大小,当指数值大于 1 时效率提高、等于 1 时效率不变、小于 1 时效率降低。

1994 年,Fare 等将 Malmquist 指数分为两方面,一是技术效率变化,二是技术变化率。由技术效率变化指数和技术进步变化指数构成,计算公式为:Malmquist = Tech. Progress × Tech. Efficiency Change。技术效率变化(Tech. Efficiency Change),即生产率,指的是在给定生产要素下,单位产品生产所需的最小资源成本;二是技术进步指数(Tech. Progress),指的是在相同生产要素下,生产单位产品的生产效率如何随时间变化,通过比较两个时间点、两个区域或两个组织的技术效率(即生产率)确定。

1997 年,Ray 和 Desli 提出的 RD 模型将 Malmquist 模型分解成技术进步指数(Technological Change,techch)和综合技术效率变化指数(Technological Efficiency Change,effch),综合技术效率变化指数分为纯技术效率变化指数(Pure Technical Efficiency Change,pech)和规模效率变化指数(Scale Efficiency Change,sech),其关系式为:Malmquist = techch × effch = techch × pech × sech。

4.4.10 随机前沿分析法

随机前沿分析法(Stochastic Frontier Analysis,SFA)与上述提到的数据包络分析法(DEA)同为技术效率度量方法中的生产前沿效率评价方法(Frontier Approach),即分析评价在一定技术水平下,不同投入比例对应的最大产出集合。

技术效率(Technical Efficiency,TE)的概念由 Koopmans 于 1951 年首

次提出，并对"技术有效"进行定义：一个可行的投入产出向量被称为技术有效的，若在不减少其他产出（或增加其他投入）的条件下，技术上不可能增加任何产出（或减少任何投入）。技术效率反映既定生产投入数量下，实际产出与理论最大产出的百分比。技术效率还能够分解为规模效率（Scale Efficiency，SE）和纯技术效率（Pure Technical Efficiency，PTE）[19]。

经济学生产理论中生产函数（Production Function）和生产前沿面（Production Frontier）分别描述了生产技术关系和给定投入下的最优生产状态假设。关于生产前沿面的研究始于1957年Michael Farrell[24]基于技术效率测度进行的研究，并提出前沿生产函数（Frontier Production Function）的概念[25]，即描述有效生产前沿面的生产函数。

而SFA是针对已知生产函数的参数方法（Parametric Frontier Approach），需要设定生产函数；DEA则是非参数方法（non-Parametric Frontier Approach），不设定具体函数形式，无生产函数概念，但有生产边界。

SFA作为一种参数方法，不仅能够测度评价单元相对生产前沿面的技术无效率值，还能够在生产函数和时变效率函数中引入影响因素，分析各种因素对效率大小的影响[26]。SFA中的生产函数通常选用柯布—道格拉斯生产函数（Cobb-Douglas），一般用于计算技术进步贡献率。除了C-D生产函数模型外，还有Translog生产函数模型。

各研究方法的对比情况见表4-1。

表4-1 研究方法对比情况

综合评价法		效率评价法	
客观赋权法	非客观赋权法	参数方法	非参数方法
主成分分析法，PCA	层次分析法，AHP	随机前沿分析法，SFA（已知C-D、Translog等生产函数）	数据包络分析法，DEA（CCR、BCC、三阶段DEA、超效率DEA等模型）
熵权法 TOPSIS熵权法	德尔菲法，Delphi	时序数据： Malmquist生产率指数	
CRITIC权重法	模糊综合评价法	SFA-Malmquist	DEA-Malmquist

4.5 指标体系构建及设计

4.5.1 指标选取

通过文献梳理发现，曹明霞等[20]以基础竞争力、科技竞争力、产业化竞争力及效益竞争力作为一级指标对县域农业综合竞争力进行评价，其中科技竞争力主要体现在现代科技在农业生产上的应用，因此选用反映农业机械化水平的亩均农机总动力、应用现代科技和先进装备的设施农业面积比重、"三品"认证数目作为评价指标。农业科技人员数量、农业劳动者素质是两个衡量科技竞争力的重要指标，但考虑到统计资料的局限性，选用了持专业证书农业劳动力占农业劳动力比重作为衡量指标。

徐士元等[27]对我国沿海省份海洋科技竞争力进行了实证分析，从科技投入、科技产出及科技效率三方面构建的指标体系包含 19 项指标。其中，科技投入包括专业技术人员数、高级职称数、从业人员数、科研机构数及科研经费收入总额等；产出用论文、专利、科研课题及成果应用相关指标体现；效率用人均课题、论文、著作及发明等数量指标体现。

赵丽娟等[28]通过熵权法测算出评价指标权重，并运用突变级数法对 30 个省份农业科技创新能力进行静态分析，再从指标变化速度及趋势两方面进行动态综合评价。以创新投入、创新产出及创新环境三方面作为一级指标构建评价指标体系，而投入指标包括 R&D 人员、R&D 经费、R&D 人员与农业从业人数比重、农业机械总动力、手机拥有量和计算机使用量。

杨栋等[29]也选取了投入能力、产出能力以及创新环境作为评价农业科技创新能力的指标体系，并选取农业固定资产投资、国家用于教育资金投资、R&D 人员数量、农业从业总人数等作为投入能力评价指标。而产出能力由专利数量、农业总产值和农民总人数 3 个指标体现，创新环境由体现经济环境的农民人均收入体现。

杜文忠等[30]通过 TOPSIS 熵权法模糊物元综合评价模型测算广西农业科技创新能力，并通过灰色关联度从创新环境水平、创新投入能力、创新转化能力及创新产出能力 4 个方面初步构建的 19 个指标中筛选出 14 个建立指标体系。其中创新环境由农业机械总动力、地区生产总值两个指标体现。

从区域上看,张可等[31]对吉林省区域科技创新能力评价指标构建展开研究,从国家及其他省份研究经验总结归纳出5个维度,包括创新投入、创新产出、创新环境、创新绩效及企业创新等,共囊括24个指标。从机构上看,蔡文伯等[32]基于AHP-TOPSIS方法和QR模型对我国高校科技创新能力现状进行定量分析。在农业科技领域,郑锐[33]对河南省农业科技创新能力及科技创新效率两个方面进行了实证评价与分析,其中科技创新能力指标体系由农业科技创新投入能力、支撑能力、可持续发展能力和产出能力4个维度12个指标构成。杜文忠等[30]、陈显荣等[34]、林伟敏等[35]分别对广西(创新环境、投入能力、转化能力、产出能力4个方面14个指标)、云南(创新基础、创新投入、创新产出3个方面12个指标)、四川(投入、产出、支撑能力3个维度22个指标)的农业科技创新能力进行评价指标构建及实证分析。

除科研竞争力、科技创新能力外,近年来学者们对科研效率的研究也较为集中。王杜春等[36]对我国农林高校的科研效率及影响因素进行了实证分析研究,评价指标与创新能力相似,分为科研投入和科研产出两个维度,并从人员投入、经费投入、科技成果、技术转让及成果授奖5个一级指标进行评价体系构建。相似地,邱泠坪等[37]基于DEA-Malmquist方法对我国高等农业院校科研效率进行了评价,古川[38]基于EBM和Metafrontier-Malmquist模型对农林类高校科研效率进行了动态分析。省域方面,王子贤等[39]利用DEA-BCC模型和DEA-Malmquist模型分别从静态、动态两个角度对福建省内9个地级市的科技创新效率进行实证分析,指标体系由投入(2个变量)、产出(3个变量)构成,分别选取R&D人员数量、R&D经费内部支出,以及发明授权数、实用新型授权数和外观设计授权数5个变量。

本研究通过文献调查及经验总结,结合高校科研效率及农业科技竞争力的评价指标体系,梳理了学者们的区域科技创新能力及农业科技创新能力的评价指标体系构建研究现状,横向对比并归纳数据指标,确定选取创新环境、科技投入及科技产出3个维度初步构建海南省农业科技创新能力评价指标体系。

在3个维度基础上,综合考虑数据的可获取性、全面性、可靠性和实效性，初步构建海南省农业科技创新能力评价指标体系（表4-2）。

表4-2 海南省农业科技创新能力评价指标体系

一级指标	指标群	二级指标	编码	单位
农业科技创新环境基础	国民经济基础	地区生产总值	X1	亿元
	社会发展结构	第一产业从业人员比重	X2	%
	农业发展基础	农机机械总动力	X3	万千瓦
		农田水利有效灌溉面积	X4	公顷
	科教环境基础	高等教育毕业生数	X5	人
		技术市场交易额	X6	万元
农业科技创新投入能力	人员投入	R&D人员全时当量	X7	人年
		农林牧渔从业人员数（城镇非私营单位）	X8	人
		农林牧渔产业活动单位数	X9	个
	经济投入	R&D经费内部支出	X10	亿元
		R&D经费投入强度	X11	%
		农业保险（保费收入）	X12	万元
		第一产业固定资产投资占比	X13	%
农业科技创新产出能力	经济	农村居民人均可支配收入	X14	元
		农林牧渔产值增加值	X15	亿元
	科技成果	科技成果登记数	X16	项
	科技著作	出版科技著作	X17	种
	专利	3种专利申请数	X18	件
		农业类专利申请数	X19	件
		农业类专利授权数	X20	件
	论文	国外主要检索工具收录的农业类科技论文篇数	X21	件
		中文科技期刊的农业类科技论文篇数	X22	篇

4.5.2 数据来源及含义说明

本章选取海南省2017—2021年5年的相关数据进行研究。原值数据来源于《海南统计年鉴》(2018—2022年)、《中国统计年鉴》(2018—2022年)、《中国科技统计年鉴》(2018—2022年)、国家统计局官网网站（https：//data.stats.gov.cn/），以及部分产出指标，如专利、国内外论文数量等，根据国外论文主要检索Web of Science、中文文献知识服务平台中国知网CNKI等网站检索并清洗获取。数据含义说明如下。

地区生产总值（$X1$）：此指标常用于衡量地区经济水平。

第一产业从业人员比重（$X2$）：此指标通过从业人员就业情况三产占比，反映一个地区的社会发展产业结构。

农机机械总动力（$X3$）：此指标反映一个地区农业科技生产水平的高低，代表了在农业生产过程当中，科技创新环境的水平。指标测算方面涵盖了用于耕作、农业浇灌、农产品采摘、机械运输等其他农业机械生产的动力总和。农业机械总动力整体水平越高，说明该地区的农业科技创新环境水平越高。

农田水利有效灌溉面积（$X4$）：此指标指的是灌溉工程设施基本配套，土地较平整，一般年景下当年可进行正常灌溉的耕地面积，农田水利体系完善水平也能够体现地区农业科技创新环境友好程度。

高等教育毕业生数（$X5$）：此指标能够反映地区的高等教育水平及科研活跃度，能够体现地区的科教环境水平高低。

技术市场交易额（$X6$）：成交额越高，说明地区的科学技术研发氛围浓厚，可以很好地体现地区农业科技创新环境水平的高低。

R&D人员全时当量（$X7$）：此指标是企业、事业单位或科研机构等研究与试验发展（R&D）人员按实际从事研发活动的时间计算的工作量，能够反映地区科技人才投入情况。

农林牧渔从业人员数（城镇非私营单位）（$X8$）：此指标指的是从事农林牧渔产业的非私营城镇单位从业人员数量，同样能够反映地区农业科技人才投入情况。

农林牧渔产业活动单位数（$X9$）：此指标指的是从事农林牧渔业相关社会经济活动的组织或组织的一部分，能够反映地区农业科技人才投入倾向。

R&D经费内部支出（$X10$）：此指标是企业、事业单位或科研机构等科技活动经费内部支出中用于基础研究、应用研究和试验发展三类项目的费用支出以及用于这三类项目的管理和服务的费用支出,能够反映地区科技经济投入情况。

R&D 经费投入强度（$X11$）：此指标是指地区 R&D 经费投入总量与地区生产总值之比,体现地区科技创新经济投入情况。

农业保险（保费收入）（$X12$）：此指标是指地区农业保险保费规模,能够体现政府稳定保障农业生产、支持农业经济发展的重要指标,反映地区农业科技创新投入水平。

第一产业固定资产投资占比（$X13$）：固定资产投资数据是能够反映地区固定资产规模、结构和速度的综合性指标,此指标主要体现地区固定资产投资分布结构,反映农业科技创新投入水平。

农村居民人均可支配收入（$X14$）：此指标用于衡量农村居民收入水平,进而反映农村居民生活水平、福祉状况等,是农业科技创新产出能力在农业农村高质量发展的重要影响因素。

农林牧渔产值增加值（$X15$）：此指标是指各单位农业生产经营的最终成果,或者理解为单位对社会所作的贡献,反映一定时期内农林牧渔生产的总净值,是计算地区生产总值的基础,是能够客观反映农林牧渔投入、产出、效益、速度和收入等情况的重要指标。

科技成果登记数（$X16$）：此指标指的是地区所有单位通过地方或国家有关部门科技成果管理机构评价的,并由第一完成单位所在地区相关部门登记备案的科技成果。

出版科技著作（$X17$）：此指标为科技成果重要载体的著作图书,科技著作出版数是评价科技产出的重要指标。

3 种专利申请数（$X18$）：此指标指的是包括发明、实用新型和外观设计 3 种专利在内的申请量,能够体现地区科技产出能力。

农业类专利申请数（$X19$）：此指标指的是农业类发明、实用新型两种专利申请数量,指标通过检索海南省 7 家主要农业科研机构以及农业相关领域梳理得到。

农业类专利授权数（$X20$）：此指标指的是农业类发明、实用新型两种专利授权数量,去除了由专利行政部门对专利申请无意义或经审查异议不成立的专利数量,能够衡量农业科技创新活动的知识产出水平。

国外主要检索工具收录的农业类科技论文篇数（X21）：此指标指的是通过国外主要检索工具检索到的海南省农业相关学科领域发表的外文科技论文数量，能够衡量农业科技创新活动的产出能力。

中文科技期刊的农业类科技论文篇数（X22）：此指标指的是通过中文期刊服务平台检索到的海南省 7 个主要科研机构农业相关学科领域发表的中文科技论文数量，同样能反映农业科技创新活动的产出能力。

4.5.3 指标体系优化

考虑到综合评价结果的可信度及准确性，需对影响海南农业科技创新能力的各个指标进行下一步筛选。通过分析指标因素之间的时序关联相似程度，能够使得评价指标体系更科学合理。农业科技创新是推动农业高质量发展的强劲动力，而农林牧渔业产业增加值则是反映农业科技创新能力的代表性因素。因此，本章选取农林牧渔业产业增加值作为参考序列，其余 21 个指标作为比较序列，参考杜文忠等[30]的评价指标构建研究思路，使用灰度关联分析法对初步构建的 22 个指标进行筛选。具体筛选方法步骤如下。

首先，原值无量纲化处理。无量纲化能够避免因评价指标量纲差异对结果造成的偏差，对原值进行离差标准化处理，公式如下：

$$X'_{ij} = \frac{X_{ij} - X_{j\min}}{X_{j\max} - X_{j\min}} \qquad (4-1)$$

式（4-1）的 X_{ij} 表示第 i 年第 j 个指标的原值（$i=1,2,3,4,5$）、（$j=1,2,\cdots,22$）；$X_{j\min}$ 和 $X_{j\max}$ 分别代表每项指标下 5 年间最小和最大原值。

对正数进行无量纲化可采用均值法对原值进行归一化处理，可避免标准值出现 0 的情况，公式如下：

$$X'_{ij} = \frac{X_{ij}}{X_{1j} + X_{2j} + \cdots + X_{ij}} \qquad (4-2)$$

接着，确定参考序列与比较序列。将指标农林牧渔产值增加值（X15）作为参考序列，比较序列为其他 21 个指标。

建立理想样本序列 $\{X_0 = [X_0(k) \mid k=1,2,3,4,5]\}$ 和比较序列

$\{X_j = [X_j(k) \mid k = 1, 2, 3, 4, 5], j = 1, 2, \cdots, 22\}$。

然后，计算关联系数。计算公式如下：

$$\gamma[X_0(k), X_j(k)] = \frac{\Delta\min + \rho\Delta\max}{\Delta_{jk} + \rho\Delta\max}, j=1, 2, \cdots, 22; k=1, 2, 3, 4, 5 \quad (4-3)$$

式（4-3）的 ρ 为分辨系数，取值为 [0, 1]，分辨系数越大则关联系数间差异越小，一般取值为 0.5。

式（4-3）的 $\Delta\min$ 和 $\Delta\max$ 分别为两级最小绝对差和最大绝对差，公式如下：

$$\Delta\min = \min_j \min_k |X_0(k) - X_j(k)| \quad (4-4)$$

$$\Delta\max = \max_j \max_k |X_0(k) - X_j(k)| \quad (4-5)$$

式（4-3）的 Δ_{jk} 为绝对差序列，如下：

$$\Delta_{jk} = |X_0(k) - X_j(k)| \quad (4-6)$$

最后，计算关联度通过各指标与参考序列对应元素的关联系数的加权平均值，公式如下：

$$\Gamma_{0j} = \frac{1}{m}\sum_{k=1}^{5} \xi_j(k), j = 1, 2, \cdots, 22 \quad (4-7)$$

根据以上公式，对原值进行处理，计算得到各指标的关联度及排名（表4-3）。

表4-3 海南省农业科技创新能力评价指标关联度及排名

评价项	关联度	排名
X21	0.956	1
X10	0.939	2
X18	0.934	3
X1	0.926	4
X20	0.924	5
X14	0.91	6
X6	0.906	7

(续表)

评价项	关联度	排名
$X11$	0.886	8
$X3$	0.872	9
$X7$	0.867	10
$X5$	0.846	11
$X12$	0.839	12
$X19$	0.813	13
$X4$	0.702	14
$X13$	0.68	15
$X17$	0.642	16
$X8$	0.573	17
$X9$	0.551	18
$X2$	0.527	19
$X16$	0.488	20
$X22$	0.474	21

根据关联度分析发现，国外主要检索工具收录的农业类科技论文篇数、R&D 经费内部支出、3 种专利申请数的关联度排名前三，关联度分别为 0.956、0.939 和 0.934，说明科技创新产出和投入对农林牧渔产值增加值的影响最为显著。

根据一般筛选原则，评价目标与关联度低于 0.8 的指标相关性较低[40]，因此本章将去除关联度低于 0.8 的 8 项指标，即中文科技期刊的农业类科技论文篇数、科技成果登记数、第一产业从业人员比重、农林牧渔产业活动单位数、农林牧渔从业人员数（城镇非私营单位）、出版科技著作数量、第一产业固定资产投资占比以及农田水利有效灌溉面积等指标，最终优化构建出较为科学的海南科技创新能力评价指标体系（表 4-4）。

表 4-4　优化的海南省农业科技创新能力评价指标体系

目标层	一级指标（准则层）	指标群	二级指标（指标层）	单位	编码
农业科技创新能力（A）	农业科技创新环境基础（B1）	国民经济	地区生产总值	亿元	C11
		农业发展	农机机械总动力	万千瓦	C12
		科教环境	高等教育毕业生数	人	C13
			技术市场交易额	万元	C14
	农业科技创新投入能力（B2）	人员投入	R&D 人员全时当量	人年	C21
		经济投入	R&D 经费内部支出	亿元	C22
			R&D 经费投入强度	%	C23
			农业保险（保费收入）	万元	C24
	农业科技创新产出能力（B3）	经济产出	农村居民人均可支配收入	元	C31
			农林牧渔产值增加值	亿元	C32
		专利产出	3 种专利申请数	件	C33
			农业类专利申请数	件	C34
			农业类专利授权数	件	C35
		论文产出	国外主要检索工具收录的农业类科技论文篇数	件	C36

根据式（4-1）对 2017—2021 年海南省科技创新能力指标体系中的 14 个指标原值进行无量纲化处理，得到标准值（表 4-5）。

表 4-5　海南省农业科技创新能力评价指标值及标准化

指标	2017 年 原值	标准值	2018 年 原值	标准值	2019 年 原值	标准值	2020 年 原值	标准值	2021 年 原值	标准值
C11	4 497.54	0	4 910.69	0.208 9	5 330.84	0.421 4	5 566.24	0.540 4	6 475.2	1
C12	556.86	0	561.27	0.051 7	558.21	0.015 8	615.32	0.684 8	642.23	1
C13	58 422	0.417 7	55 390	0	57 383	0.274 6	59 484	0.564 0	62 649	1
C14	41 079	0	69 407	0.116 5	91 077	0.205 7	201 902	0.661 6	284 162	1
C21	7 715	0	8 160	0.077 5	8 903	0.206 9	8 961	0.217 0	13 457	1
C22	23.11	0	26.87	0.157 5	29.91	0.284 9	36.62	0.566 0	46.98	1
C23	0.51	0	0.55	0.181 8	0.56	0.227 3	0.66	0.681 8	0.73	1
C24	46 231	0	84 036	0.379 6	97 667	0.516 5	115 933	0.699 9	145 821	1

(续表)

指标	2017年		2018年		2019年		2020年		2021年	
	原值	标准值	原值	标准值	原值	标准值	原值	标准值	原值	标准值
C31	12 902	0	13 989	0.210 1	15 113	0.427 3	16 279	0.652 7	18 076	1
C32	1 012.46	0	1 034.44	0.076 3	1 119.07	0.369 9	1 178.39	0.575 7	1 300.7	1
C33	2 084	0	3 292	0.104 6	4 423	0.202 5	8 578	0.562 3	13 632	1
C34	1 127	0.070 6	1 062	0	1 165	0.111 8	1 359	0.322 5	1 983	1
C35	514	0	566	0.063 3	682	0.204 6	938	0.516 4	1 335	1
C36	499	0	558	0.063 4	797	0.320 4	980	0.517 2	1 429	1

4.6 熵权TOPSIS分析

4.6.1 熵权法

熵权法是依据各个指标的变异程度，使用信息熵计算出各指标的熵权值，后根据熵权对各指标进行修正后得到可靠指标权重的客观赋权方法。评价对象在某项指标上的值相差越大则越重要，权重相应越大。具体计算步骤如下：

（1）建立归一化矩阵 Z，公式如下：

$$Z_{ij} \begin{cases} \dfrac{x_{ij} - \min\limits_{1 \leqslant i \leqslant n} x_{ij}}{\max\limits_{1 \leqslant i \leqslant n} x_{ij} - \min\limits_{1 \leqslant i \leqslant n} x_{ij}}, & x_{ij} \text{为正向指标} \\ \\ \dfrac{\max\limits_{1 \leqslant i \leqslant n} x_{ij} - x_{ij}}{\max\limits_{1 \leqslant i \leqslant n} x_{ij} - \min\limits_{1 \leqslant i \leqslant n} x_{ij}}, & x_{ij} \text{为负向指标} \end{cases} \tag{4-8}$$

归一化矩阵 Z 为：

$$Z = (Z_{ij})_{m \times n} = \begin{bmatrix} z_{11} & z_{21} & \cdots & z_{1n} \\ z_{12} & z_{22} & \cdots & z_{2n} \\ \cdots & \cdots & & \cdots \\ z_{m1} & z_{m2} & \cdots & z_{mn} \end{bmatrix} \tag{4-9}$$

其中，Z_{ij} 为第 i 个评价对象在第 j 个评价指标上的标准值（$i=1, 2, \cdots, n$；$j=1, 2, \cdots, m$），$0 < z_{ij} < 1$。

（2）确定评价指标熵权，计算第 j 个评价指标下第 i 个评价对象的特征比重，公式如下：

$$r_{ij} = \frac{X_{ij}}{\sum_{i=1}^{n} X_{ij}} \quad (i = 1, 2, \cdots, n; j = 1, 2, \cdots, m) \quad (4-10)$$

由于 r_{ij} 不能为 0，而上述 X_{ij} 值可能出现 0，因此需要对 0 值做平移变换。

其次，计算第 j 个评价指标的熵值（信息熵），公式如下：

$$e_j = -k \sum_{i=1}^{n} r_{ij} \ln(r_{ij}) \left(k = \frac{1}{\ln n}, \ 0 < e_j < 1 \right) \quad (4-11)$$

k 值一般为面板数据的评价年份。

下一步，计算各项指标的熵权（权值），公式如下：

$$w_j = \frac{1 - e_j}{m - \sum_{j=1}^{m} e_j} \left(0 < w_j < 1, \ \sum_{j=1}^{m} w_j = 1 \right) \quad (4-12)$$

最后，计算综合得分，公式如下：

$$S_i = \sum_{j=1}^{m} w_j X'_{ij}, \ 0 \leq S_i \leq 1, \ i = 1, 2, \cdots, n, \ j = 1, 2, \cdots, m \quad (4-13)$$

4.6.2 基于熵权和 TOPSIS 法的评价模型

基于上述提到的熵权法，TOPSIS 法是在有限方案多目标决策分析场景中应用的一种常用分析方法，其基本思想在于：基于归一化的原始数据矩阵，将有限方案中的正理想解与负理想解构成一个空间，在熵权法的基础上，得到加权规范化矩阵，并增加理想解向量，确定评价对象指标值与正负理想解的距离及相对接近程度，具体步骤及对应公式如下。

（1）计算得到加权规范化矩阵。通过式（4-12）熵权法计算出的权重向量 w_j 与矩阵 Z 的每行相乘得到加权规范化矩阵：

$$P = (p_{ij})_{m \times n} = \begin{bmatrix} p_{11} & p_{12} & \cdots & p_{1n} \\ p_{21} & p_{22} & \cdots & p_{2n} \\ \cdots & \cdots & \cdots & \cdots \\ p_{m1} & p_{m2} & \cdots & p_{mn} \end{bmatrix} = \begin{bmatrix} w_1 z_{11} & w_1 z_{12} & \cdots & w_n z_{1n} \\ w_2 z_{21} & w_2 z_{22} & \cdots & w_2 z_{2n} \\ \cdots & \cdots & \cdots & \cdots \\ w_m z_{m1} & w_m z_{m2} & \cdots & w_m z_{mn} \end{bmatrix}$$

$$i = 1, 2, \cdots, n; j = 1, 2, \cdots, m \quad (4\text{-}14)$$

(2) 确定理想解向量：

正理想解：$p^+ = (p_1^+, p_2^+, \cdots, p_m^+)$，$p_j^+ = \max\{p_{1j}, p_{2j}, \cdots, p_{nj}\}$ （4-15）

负理想解：$p^- = (p_1^-, p_2^-, \cdots, p_m^-)$，$p_j^- = \min\{p_{1j}, p_{2j}, \cdots, p_{nj}\}$ （4-16）

(3) 计算指标值 p_{ij} 与正负理想解的欧式距离：

$$D_i^+ = \sqrt{\sum_{j=1}^{m} (p_j^+ - p_{ij})^2}, \ (i = 1, 2, \cdots, n) \quad (4\text{-}17)$$

$$D_i^- = \sqrt{\sum_{j=1}^{m} (p_{ij} - p_j^-)^2}, \ (i = 1, 2, \cdots, n) \quad (4\text{-}18)$$

式（4-14）至式（4-16）中的 p_j^+、p_j^- 分别为第 j 项指标在历年评价中的最偏好值和最不偏好值。

(4) 根据距离，计算贴近度：

$$C_i = \frac{D_i^-}{D_i^+ + D_i^-}, \ i = 1, 2, \cdots, m \quad (4\text{-}19)$$

贴近度 C_i 值在 [0, 1] 区间内，越接近 1，则评价对象越接近于理想水平。

4.7 科技创新能力指标评价结果

4.7.1 确定指标权重

根据式（4-10）至式（4-13）计算出各级指标得分（表 4-6）。

表 4-6 海南农业科技创新能力评价指标权重计算过程

二级指标	信息熵值 e_j	信息效用值 w_j	权重 S_i（%）
C11	0.778	0.222	5.306
C12	0.533	0.467	11.147
C13	0.8	0.2	4.769

（续表）

二级指标	信息熵值 e_j	信息效用值 w_j	权重 S_i（%）
C14	0.693	0.307	7.343
C21	0.61	0.39	9.307
C22	0.736	0.264	6.313
C23	0.732	0.268	6.408
C24	0.823	0.177	4.222
C31	0.781	0.219	5.226
C32	0.714	0.286	6.832
C33	0.683	0.317	7.563
C34	0.586	0.414	9.876
C35	0.654	0.346	8.253
C36	0.689	0.311	7.437

为清晰展示指标体系下对应指标的权重，整理得到海南省农业科技创新能力评价原始数据及权重（表4-7）。

表4-7 海南省农业科技创新能力评价原始数据及权重

目标	一级指标	二级指标	权重（%）	2017年	2018年	2019年	2020年	2021年	编码
海南省农业科技创新能力（A）	农业科技创新环境基础（B1）	地区生产总值	5.306	4 497.54	4 910.69	5 330.84	5 566.24	6 475.2	C11
		农机机械总动力	11.147	556.86	561.27	558.21	615.32	642.23	C12
		高等教育毕业生数	4.769	58 422	55 390	57 383	59 484	62 649	C13
		技术市场交易额	7.343	41 079	69 407	91 077	201 902	284 162	C14
	农业科技创新投入能力（B2）	R&D人员全时当量	9.307	7 715	8 160	8 903	8 961	13 457	C21
		R&D经费内部支出	6.313	23.11	26.87	29.91	36.62	46.98	C22
		R&D经费投入强度	6.408	0.51	0.55	0.56	0.66	0.73	C23
		农业保险（保费收入）	4.222	46 231	84 036	97 667	115 933	145 821	C24
	农业科技创新产出能力（B3）	农村居民人均可支配收入	5.226	12 902	13 989	15 113	16 279	18 076	C31
		农林牧渔产值增加值	6.832	1 012.46	1 034.44	1 119.07	1 178.39	1 300.7	C32
		3种专利申请数	7.563	2 084	3 292	4 423	8 578	13 632	C33
		农业类专利申请数	9.876	1 127	1 062	1 165	1 359	1 983	C34
		农业类专利授权数	8.253	514	566	682	938	1 335	C35
		国外主要检索工具收录的农业类科技论文篇数	7.437	499	558	797	980	1429	C36

4.7.2 指标权重结果分析

通过对各指标熵值计算,能够衡量指标信息量大小,从表4-6中评价指标的熵值体现出本研究所选取的指标较为理想,因此使用熵权法较为科学。

从14个二级指标的权重来看,农机机械总动力、农业类专利申请数、R&D人员全时当量、农业类专利授权数、3种专利申请数、国外主要检索工具收录的农业类科技论文篇数、技术市场交易额7个指标权重大于均值(7.143%),分别是11.147%、9.876%、9.307%、8.253%、7.563%、7.437%、7.343%,累计权重达60.926%,超过一半,表明这些二级指标对海南农业科技创新能力水平影响最大。7个二级指标中,有4个属于科技创新产出能力一级指标,2个属于科技创新投入能力,说明农业科技产出水平以及科技创新环境最为影响海南农业科技创新能力水平,因此通过改善农业科技创新环境和提升科技创新产出水平能够为量化海南科技创新水平加分。另外,排名前三位的农机机械总动力、农业类专利申请数、R&D人员全时当量3个二级指标分别属于创新环境、产出能力和投入能力3个一级指标,说明这3个一级指标的影响力相对均衡。

进一步分析二级指标看出,农机机械总动力和R&D人员全时当量是提升海南省农业科技创新能力的重要因素。农机机械总动力能够体现海南农业科技创新环境程度和水平,此指标近年来发展较为平稳,总体呈现上升趋势,但年均增长率较低,为3.7%,与其他指标相差甚远。而R&D人员全时当量2021年的增长率达50%,说明2018—2022年海南省对科技人才的投入有所提升,但基数较小,仍需持续加大人才培养方面的投入力度。

另外,从技术市场交易额来看,此指标权重为7.343,随着海南省科技创新发展,科技成果不断增长,技术市场交易频繁、交易内容增值,交易额自2017年的41 079万元增至284 162万元,年均增长率达65.7%。这其中离不开农业领域技术成果的支持,尤其是国家自贸港政策支持下的高端种业发展。技术市场交易额侧面反映了海南省科技创新环境水平的提升和改善,这同时也表明对科技成果转化持续给予了高度重视。

农业类专利申请数和授权数权重占比分别为9.876%和8.253%,年均增长率分别是 16.6% 和 27.6%，授权数呈现加速增长趋势，增长率逐年上升，自 2018 年 10% 的增幅到 2021 年 42% 的增幅，虽然基数较小，但增长势头猛烈，反映了专利数在产业发展中不断转化应用，不仅是农业科技创新产出能力的重要度量，更是农业科技创新能力提升的体现。

4.7.3 创新能力计量及结果分析

选取 2017—2021 年 5 年作为研究期，构建 14 项指标，基于熵权法求得各指标权重如表 4-6 所示，根据式（4-15）至式（4-19）计算各年份正负理想解之间距离 D_i^+ 和 D_i^-，以及海南 2017—2021 年农业科技创新能力综合评价结果指数 C_i，如表 4-8 所示。

表 4-8　2017—2021 年海南省农业科技创新能力评价结果与正负理想解距离及贴进度

年份	正理想解距离（D_i^+）	负理想解距离（D_i^-）	综合指数（C_i）	排序
2017	0.976 693 37	0.094 936 62	0.088 590 86	5
2018	0.899 793 35	0.134 291 52	0.129 865 08	4
2019	0.770 287 29	0.272 082 10	0.261 022 72	3
2020	0.483 240 70	0.558 104 08	0.535 945 53	2
2021	0	0.999 800 04	1	1

通过对选取指标的数据处理结果分析得到各年份与正、负理想解的距离以及综合指数（即贴近度值）。与正、负理想解的距离 D_i^+ 和 D_i^- 直观反映海南各年份的农业科技创新能力水平与理想水平的差距，而综合指数是海南农业科技创新能力强弱的量化体现。

从结果看，D_i^+ 越小则说明该年份海南农业科技创新能力距离理想水平越近，即创新能力越强；相似地，D_i^- 越大则说明该年份距离最劣水平越远，即创新能力水平越高。综合两个值看来，2021 年 D_i^+ 最小、D_i^- 最大，2017 年 D_i^+ 最大、D_i^- 最小，说明 2021 年的农业科技创新能力水平最接近理想值，2017 年最偏离理想值。

通过综合指数 C_i 的数据变化可以看出，2017—2021 年海南农业科技创新能力水平呈现出逐年增强的趋势。这 5 年间，2020 年的科技创新能力水平提升最为显著，综合指数增幅达 105.3%，而 2018 年增长相对较缓，较 2017 年的综合指数增长 46.6%。2021 年较 2020 年的科技创新能力水平增速有所回落，增长幅度为 86.6%。海南在自贸港政策背景下，农业科技创新得到快速发展，由于科技创新的难度不断加大，科技创新能力的提升速度存在回落现象。

4.8 结论与建议

通过实证分析结果可以看出海南省农业科技创新能力近年来发展迅速，但仍存在问题和差距。通过结合借鉴前人学者的研究结论和其他区域共性问题分析，给出提升海南省农业科技创新能力的政策建议。

4.8.1 持续加大农业科技有效投入

海南省的农业科研投资虽增长较快，但相较于其他省份，投资强度相对偏低，存在差距。农业创新体系的主体依然是政府公共研究部门，企业成为农业科技创新体系主体需要诸多条件。其他私人农业科研发展的案例均是以大规模国家公共投资为基础实现的，因此海南省仍需要持续加大农业科技的投资力度，增加农业在所有科研经费投资的比重。

在自贸港建设背景下，积极探索延伸农业科技创新主体，挖掘企业创新主体潜力，鼓励政企科技交流合作，支持农业企业科技创新，增强农业科技创新活力，创造良好创新环境。

加大投入的同时，同样需要完善科研经费监管机制。根据独立、客观、公正和高效的原则和要求进行监管，进一步提升建立相对科学和独立的评估监督机制，提升经费管理的公开性和科学性。

4.8.2 加强农业科技人才培养

一是探索多元化人才培养模式。农业科研院所、高校农业科学相关专业人才是农业科技创新型人才的重要来源，积极引进新型农业科技创新人才，如海外人才等，促进不同文化背景、知识体系人才的交流碰撞。同时，人才培养需要根据实际产业需求进行。依据产业发展现实需求，实行"订单"式培养，农业企业与高校合作模型培养的人才与产业发展适配度高。

二是重视农业管理型人才的培养。除农业专业领域专家外，同时要培养农业经营型、管理型人才，强化农业科技实践能力，促使科研成果转化落地，培养并打造一批农业职业经理人，为科技创新支撑农业经济发展打下基础。

三是完善农业科研人员激励制度。在海南自贸港政策背景下，海南省人才引进和培养有着较大突破，农业领域人才资源也更加丰富，同时也存在区域分布不均等情况。完善农业科研人员激励机制，不仅是薪酬和优惠政策，建议能够在多层面为农业科技创新型人才提供良好发展平台和前景，留住人才并持续发挥人才创新潜力。

4.8.3 优化农业科技创新环境

强化农业科技创新能力发展的配套保障。建立省内资源共享、协作共赢的科技发展协调机制，做好农业科技发展规划，及时调整相关政策措施以认真落实规划任务等。强化各级市县的农业科技发展部署，形成全省科技协作机制，为应对农业科技事业发展新要求打好政策制度基础。

推进科技创新的基础条件建设和资源共享，完善开放多元的多部门协调机制。健全科技创新支撑体系，在财税等方面制定配套的优惠政策，发挥政府在科技创新发展中的引导推动作用。

农业科技创新环境的优化离不开科技创新法律制度体系的完善，包括农业科技成果监管等，良好的科技创新成果所有制和市场交易是推动农业科技创新发展的重要基础。

4.8.4 提高农业科技创新产出效益及成果转化能力

一是增强农业科技创新对产业的引领发展能力。海南省大力发展特色高效热带农业，重点建设特色农业产业集群，应引导农业科研向产业布局，为产业升级提质提供科技支撑。在高端种业发展、农产品冷链运输、农业装备及设施领域、农业农村信息化等方面进行布局，坚持全面提升和重点发展相结合，提升农业科技创新。

二是发挥农业科技对产业现代化发展的引领作用，提高农业科技产出效益，整合产业优势，促进三产融合，加快产业结构转型优化，加快农业科技创新成果落地和转化。

参考文献

[1] 杨学利，张少杰，古安伟. 农业科技创新信息服务体系构建研究[J]. 情报科学，2010，28（10）：1501-1504.

[2] LIU Y Y, JI D, ZHANG L, et al. Rural financial development impacts on agricultural technology innovation: Evidence from China [J]. International Journal of Environmental Research and Public Health，2021，18（3）：1110.

[3] 刘欢. 海南：打造全球热区农业科技创新中心[J]. 中国农村科技，2021（5）：20-23.

[4] 王昆强，唐蒙，成睿熙，等. 海南自贸区科技创新战略路径解析与管理对策[J]. 科学管理研究，2021，39（1）：90-95.

[5] 陈劲. 从技术引进到自主创新的学习模式[J]. 科研管理，1994（2）：32-34.

[6] 柳卸林. 21世纪的中国技术创新系统[M]. 北京：北京大学出版社，2000.

[7] 周寄中. 科学技术创新管理[M]. 北京：经济科学出版社，2002.

[8] 王义涵. 科技创新与经济发展研究[J]. 商场现代化，2016（23）：217-218.

[9] 宋刚，唐蔷，陈锐，等. 复杂性科学视野下的科技创新[J]. 科学对社会的影响，2008（2）：28-33.

[10] 王双艳. 绿色发展视角下农业科技创新能力的评价[D]. 长春：吉林财经大学，2023.

[11] 张梅申，岳增良，郑小六. 农业科研单位科技创新能力要素分析及提升模式研究[J]. 农业科技管理，2015（2）：23-26.

[12] 梁俊芬，方伟，万忠，等. 中国省域农业科技创新能力评价：

基于绿色发展视角 [J]. 科技管理研究, 2020, 40 (9): 60-67.

[13] 王丹, 赵新力, 郭翔宇, 等. 国家农业科技创新理论框架与创新能力评价: 基于二十国集团的实证分析 [J]. 中国软科学, 2018 (3): 18-35.

[14] 高启杰. 农业技术创新若干理论问题研究 [J]. 南方经济, 2004 (7): 45-47.

[15] 吴林海. 我国农业科技创新供给的影响因素及对策探讨 [J]. 上海经济研究, 2009 (1): 30-35.

[16] 陈耀, 赵芝俊, 高芸. 中国区域农业科技创新能力排名与评价 [J]. 技术经济, 2018 (12): 53-60.

[17] 曹琼, 李成标. 基于熵权TOPSIS法的农业科技创新能力评价: 以湖北省为例 [J]. 南方农业学报, 2013 (10): 1751-1756.

[18] 郭炜. 河南省农业科技创新能力评价与对策研究 [D]. 郑州: 河南农业大学, 2022.

[19] 张清辉, 王建品. 技术创新效率研究回顾与现状分析 [J]. 商业时代, 2011 (1): 94-96.

[20] 曹明霞, 徐元明. 县域农业综合竞争力的时空演化特征与提升策略: 基于江苏省的实证分析 [J]. 现代经济探讨, 2014 (7): 44-48.

[21] CHARNES A, COOPER W W, RHODES E. Measuring the efficiency of decision making units [J]. European Journal of Operational Research, 1978, 2 (6): 429-444.

[22] BANKER R D, CHARNES A, COOPER W W. Some models for estimating technical and scale inefficiencies in data envelopment analysis [J]. Management Science, 1984, 30 (9): 1078-1092.

[23] 蔡跃洲, 付一夫. 全要素生产率增长中的技术效应与结构效应: 基于中国宏观和产业数据的测算及分解 [J]. 经济研究, 2017 (1): 72-88.

[24] FARRELL M J. The measurement of productive efficiency [J].

Journal of the Royal Statistical Society: Series A (General), 1957, 120 (3): 253-281.

[25] 王金祥, 吴育华. 生产前沿面理论的产生及发展 [J]. 哈尔滨商业大学学报（自然科学版）, 2005 (3): 382-386.

[26] 王留鑫, 洪名勇. 基于随机前沿分析的中国农业全要素生产率增长的实证分析 [J]. 山西农业大学学报（社会科学版）, 2018 (1): 30-35.

[27] 徐士元, 王洁琴. 基于主成分分析法的我国沿海省份海洋科技竞争力实证分析 [J]. 安徽农业科学, 2015 (3): 337-340.

[28] 赵丽娟, 胡畔, 李杨薇. 农业科技创新能力动态综合评价：基于速度特征 [J]. 科技管理研究, 2020 (18): 72-79.

[29] 杨栋, 唐衡. 中国省域农业科技创新能力测度与空间分布 [J]. 农业展望, 2022 (4): 72-81.

[30] 杜文忠, 耿鹏鹏, 胡燕萍. 创新驱动视角下广西农业科技创新能力评价：基于熵值和TOPSIS法物元评价模型 [J]. 科技管理研究, 2019 (9): 82-89.

[31] 张可, 井丽巍, 刘竞妍, 等. 吉林省区域科技创新能力评价指标构建与分析 [J]. 农业与技术, 2023 (10): 164-167.

[32] 蔡文伯, 陈念念. 我国高校科技创新能力现状及影响因素：基于AHP-TOPSIS和QR分位数回归模型 [J]. 现代教育管理, 2022 (1): 41-52.

[33] 郑锐. 河南省农业科技创新能力与效率研究 [D]. 郑州：河南农业大学, 2019.

[34] 陈显荣, 陈蕊, 朱寒冰. 云南省农业科技创新能力研究：基于熵权TOPSIS的实证分析 [J]. 现代农业, 2023 (1): 38-42.

[35] 林伟敏, 刘成华. 农业科技创新能力研究及关联分析：以四川省为例 [J]. 西部经济管理论坛, 2021 (6): 14-21.

[36] 王杜春, 时玉坤. 乡村振兴背景下我国农林高校的科研效率及影响因素 [J]. 科技管理研究, 2022 (10): 63-70.

[37] 邱泠坪, 郭明顺; 张艳, 等. 基于DEA和Malmquist的高等农

业院校科研效率评价 [J]. 现代教育管理, 2017 (2): 50-55.

[38] 古川. "一流学科"建设背景下农林类高校科研效率的动态变化及差异比较: 基于 EBM 和 Metafrontier-Malmquist 模型的分析 [J]. 系统工程, 2017 (12): 105-112.

[39] 王子贤. 基于 DEA 模型对福建省科技创新效率的实证分析 [J]. 闽南师范大学学报（自然科学版）, 2022 (4): 18-26.

[40] 李洪文, 黎东升. 农业科技创新能力评价研究: 以湖北省为例 [J]. 农业技术经济, 2013 (10): 114-119.

本著作得到海南省热带作物信息技术应用研究重点实验室、"海南省热带作物信息技术应用研究重点实验室2023年度开放基金项目（项目编号ZDSYS-KFJJ-202307）""海南省哲学社会科学规划课题［项目编号HNSK（YB）22-94］"和"中央级公益性科研院所基本科研业务费专项（1630072022003）"的支持与资助。